Logical Communication Skill Training

麦肯锡
逻辑思考法

[日] 照屋华子　冈田惠子 / 著　周晓娜 / 译

只 为 优 质 阅 读

好
读
Goodreads

前　言

多变的商业环境需要逻辑沟通

在 20 世纪 90 年代的十年间，日本企业的内外部环境与以往相比可谓天翻地覆。宏观层面上，由于泡沫经济破灭，日本经济陷入前所未有的长期停滞局面。面对经济增长乏力的局势，企业如何做才能提高收益？之前，股东追求稳健的长期收益，不愿冒风险；如今企业的营收压力不断加大，大企业无法再像过去那样轻松地赚钱，必须竭尽全力去经营。这使得经营者开始更加严肃地审视企业业务。同时国内企业界也呈现出新的趋势——合并、收购等商业行为如同家常便饭，司空见惯。

随着商业环境的改变，沟通领域也出现了较大变化。这令我们能够倾听到来自业界第一线的心声。

作为运营方案商，必须具备充分说服客户的能力，才能令客户相信我们能敏锐地捕捉存在的问题，并系统地予以解决。（计算机网络相关行业）

顾客本身无法精确判断问题的症结所在，但却拥有强

烈的危机意识——必须要有所行动。在与顾客的交流中，须准确读取对方的问题点，再给出正确的反馈。（服务业）

和供应商也要构建新型关系。例如：现在处于何种状况？为什么必须要有新思路？在此背景下，制造商想做什么，供应商又该如何应对？更为重要的一点是，供应商能否充分领会前述内容。（制造业）

也许是因为现场人手不足，大家都被工作追着跑，交流沟通的机会减少了，才导致不能全面及时地交流各项信息。我认为，信息来源部门应提供更多、更简洁明快的信息要点。（服务业）

在行业重组的大浪潮中，与其他企业合并联手（或被收购兼并）不再是与己无关的事情。过去，一般化的沟通，半将就半糊弄着就能把工作完成；今后这种沟通方式行不通了。其要求我们必须具备一种与不同背景、不同文化的人进行逻辑思辨的能力，从而可以正确传达自身想法，说服对方。（金融业）

没有沟通交流，任何商业活动都无法进行；一旦商业态势出现变化，沟通交流的方式自然也要随之改变。商业上的沟通对象涉及广泛，包括顾客、客户、合作伙伴、股东、上司、下属、同侪，以及相关部门等。只有想方设法让个人和组织的观点更容易被前述利益相关方所理解、接受，才能使事情如期进行，快速推动工作进程，及早收获胜利果实。这是当今时代较为注重的一个方面。

笔者认为，满足这种需求的有效方式必须且只能是"逻辑沟通"。

这一词语给人的感觉略显严肃和郑重。简而言之，即"通过传递富有逻辑的信息，说服对方，从而使对方的反应符合我们的期待"。

你将是下一个"有逻辑的人"

职场人大多知晓逻辑沟通的重要性，但非常遗憾的是，他们中的大部分人并不通晓亦不具备成体系的方法论，只是在暗中摸索如何才能更容易地让对方理解自己所说的内容。

有人认为自成风格也是沟通方式的一种。然而，自成风格存在各种缺陷。首先，如果是双方都熟悉的领域尚可，倘若碰到一个全新的主题，则易使对方无法理解；其次，就算自己能做到，却很难用来指导下属。如果团队中聚集一群"沟通自成风格"的员工，势必会导致工作遭遇瓶颈。

本书旨在向各位读者展示成体系的、简单易学的、实操性强的逻辑沟通技巧。

笔者二人都是逻辑沟通方面的专家，工作重心在管理咨询领域。客户来咨询时，要针对客户存在的各种问题提出解决方案，并对具体执行工作给予全力支持。其间，我们需要通过富有逻辑性的分析，让客户知晓面临的问题，接受我们给出的方案并付诸执行。对我们而言，这种思维和沟通能力不仅不可或缺，而且是相当重要的。

在沟通的过程中，笔者需要站在客户的角度，验证咨询团队提供的信息是否真正易懂、是否合乎逻辑、是否具有说服力。换句话说，为了使接受者更容易理解和认同说话人的信息，我们会从以下几个方面提出具体建议及改善方案——

现有论据是否充分？

根据提示的信息，能否得出这个结论？

如何更好地搭建研究框架？

笔者在多年的工作实践中，摸索、总结出一套"逻辑沟通的技巧"，在本书中将和广大读者予以分享。

首先要声明一点，这种沟通技巧绝不仅仅适用于咨询或战略规划等特定领域。在日常的业务交流中，如和客户进行商业谈判、介绍产品，在公司晨会做汇报、下达工作任务以及联络等，只要运用此沟通技巧，都能达到事半功倍的效果。之所以把它称作"技巧"（沟通术），是因为我们确信，只要不断地从训练中累积经验，任何人都能掌握这门技巧，任何人都能成为下一个"有逻辑的人"。

提到沟通，人们动辄就说"那个人的写作堪称天赋异禀""他的话术是与生俱来的才能"……往往从天性和悟性中找寻原因。当然这也很重要，但良好的商业沟通首先要夯实"地基"（合作基础），这个"地基"就是指逻辑沟通；其次要具备较为完善的条件。

本书的结构与特征

本书由以下三部分构成：

第一部分阐述在逻辑沟通中必须确认的要素：传达的问题（主题）及期待对方做出的反应（第一、二章）。这是成为富有逻辑的传达方的第一步。

第二部分讲解"练就逻辑思维的技术",如 MECE(第三章)与 So What / Why So(第四章)。通过掌握这些技术,可以将传达方脑海中和手头的各种信息及数据整理成组建"逻辑"的"零件"。

第三部分介绍"建构逻辑的技术",目的是"逻辑"地组装各个"零件"。具体包括:定义"逻辑"的结构(第五章)、两种实用的商务逻辑模式——并列型和解说型(第六章)、熟练运用逻辑模式的要点(第七章)。

如上所述,本书将阐述两项"练就逻辑思维的技术"——MECE、So What / Why So,以及两项"建构逻辑的技术"——并列型和解说型。当你能充分利用这四项技术建构逻辑时,就能成功搭建逻辑沟通的"平台"。下一步,则是富有逻辑地书写或者口头表述建构的逻辑内容。事实上,书写和口头表述的技术也是非常重要的。今后如有机会,我们将就此向读者做详细介绍。本书主要聚焦于沟通"平台"的逻辑建构。

为使读者能够掌握并熟练运用上述四项技术,笔者根据自己在企业研修的经验,特做出如下编排:

第一,为便于读者结合自身工作加深理解,笔者在书中尽可能多地采用在商务场合中让人感同身受的案例。

第二,在第三、四、六、七章的结尾部分,笔者设置"集中练习"环节,作为读者实践上述四项技术的抓手。其中包含附带思路与案例解析的例题,以及大量带有思路提示的练习题。请读者朋友们多多挑战自我。

第三,尽管内心希望读者能从第一章开始阅读,但为了让读者在选择自己感兴趣或从迫切关注的章节读起时也能理解本书宗旨，笔者会在各章反复提及本书的要点。

随着商业环境激变，许多职场人极度关切自身的能力开发。希望广大读者能够掌握在职场中不可或缺的逻辑沟通技术。作为一本引导性的逻辑思维工具书，本书若能对各位有所助益，笔者将深感喜悦。

目录

第一部分　如何有逻辑地沟通

第一章　沟通：向对方传达信息

1. 如何有效地向对方传达信息　　　　　　　/ 003
2. 应当向对方传达怎样的信息　　　　　　　/ 005
3. 什么样的"答案"是正确的　　　　　　　/ 011
4. 为什么你的"答案"行不通　　　　　　　/ 013

灵敏度测试　　　　　　　　　　　　　　　　/ 030

第二章　为什么你的回答没有说服力

1. "答案"重复、遗漏、离题　　　　　　　/ 035
2. "答案"不连贯　　　　　　　　　　　　/ 041

第二部分　如何练就逻辑思维

第三章　消除"答案"的重复、遗漏、离题

1. MECE：消除重复、遗漏、离题的技巧　　／047
2. 分组——运用 MECE 整理信息　　／061

集中练习 1　　／064

第四章　消除"答案"的不连贯

1. So What / Why So：消除不连贯的技巧　　／079
2. So What / Why So 的两种类型　　／084

集中练习 2　　／095

第三部分　如何建构逻辑

第五章　使用 So What / Why So 和 MECE 建构逻辑
1. 什么是"逻辑"　　　　　　　　　　　　/ 113
2. 逻辑联系越紧密越好　　　　　　　　　/ 126

第六章　掌握逻辑模式
1. 并列型逻辑模式　　　　　　　　　　　/ 133
2. 解说型逻辑模式　　　　　　　　　　　/ 141

集中练习 3　　　　　　　　　　　　　　/ 153

第七章　熟练运用逻辑模式
1. 逻辑模式的运用方法　　　　　　　　　/ 169
2. 逻辑 FAQ　　　　　　　　　　　　　　/ 188

集中练习 4　　　　　　　　　　　　　　/ 200

后　记　　　　　　　　　　　　　　　　/ 219

Logical Communication
Skill Training

---── 第一部分 ──---

如何有逻辑地沟通

沟通，是指与交流对象进行"信息"（message）接传球的游戏。那么，"信息"具体指什么？"信息"又有哪些必不可少的构成要素？

针对这两个问题，你是否能够自信满满地给出答案？"针对要表达或传递的内容，'信息'是一种高度概括，是精华；'信息'内容千差万别，无法锁定具体的构成要素。"——持有上述想法的读者，请您一定阅读本书的第一部分。

不少职场人很苦恼：自己明明已经特别注意说话和书写的逻辑了，却依然无法将所思所想传达给对方。针对这类人士，笔者每每重复以下建议：

当你向他人传达信息时，首先必须确认问题（主题）；其次是你期待对方做出的反应，而不是考虑该如何归纳、表达或者书写。

在整理自己的想法并形成一定逻辑之前，首先要确认上述两个要素。这是你成为逻辑沟通高手的第一步。

第一章　沟通：向对方传达信息

1. 如何有效地向对方传达信息

任何行业的工作都是人与人之间的沟通交流，即交换信息、想法和提案的一连串过程。向对方传达自己的想法，并获得对方的理解，或者得到对方的建议——这都需要进一步强化自己的沟通技巧。

工作中，你把自己的想法和提案传送给对方，对方读到或听到相关信息并予以正确地理解需要时间，再做出你所预期的反应也需要时间，而能否最大限度地缩短这段时间，将决定生意场上的成败。再发达的信息通信技术对此也爱莫能助，提高效率的关键取决于传达者的技巧。

于是，你开始苦恼该如何做才能让对方理解你想说的话以及你认为重要的内容。为了更好地概括想说的话，你将会反复修改提案书和报告，要么纠结于表述方式和格式，要么拘泥于设计和用色等细节方面。事实上，这里就潜藏着无法顺利向对方传达信息的最大障碍。重要的不是"你"想要说什么，也不是"你"认为的重要内容。就对方而言，接收的内容是否为他所期待的"信息"，才是关键所在。笔者与企业咨询人员聊天时，经常听他们提到："作为一个项目团队,却迟迟无法汇总下次开会时要向客户汇报的内容。"假设这是一个5人团队,那么他们想说的话即传达方的"全部想法",恐怕就有5种。夸张地说,对接收方而言,即便是传达方的"全部想法",也压根儿不重要。

这时,人们可能意识到"原来是要考虑对方,而非自己"。但在考虑对方时,又极易落入下面的陷阱:

> 下午,要和山田部长开个小会。部长讨厌英语,所以要尽量避免使用片假名。部长喜怒无常,他心情不好时,不能和他讨论难做的案子。我还是去问问上午和部长开过会的总务部,看看他今天的心情如何。

不难看出,这确实是在考虑对方。但问题是,说话人在考虑山田部长的同时,却无意中将开会的目标定为"在不破坏部长心情的前提下,把会开完"。恐怕这场会议无法做出是否要执行某项方案的重大决策,而是会以诸如今后继续讨论、再观察情况等无关痛痒的方式收尾。重复类似的会议,将导致工作难以取得新进展。对当事人来说,它最终会演变为一种自我怀疑——有必要召开这类会议吗?

可悲的是,我们既不是心理学家,也不是读心专家,做不到百分之百地把握他人的心情和喜好。更可怕的是,我们经常自认为是"瞬间读心专家",跟随对方的脚步,改变我们的行为和细微的语义表达。在这一过程中,内容的本质不知不觉地发生了变化。一旦问题爆发,就发现整个事态已经变成"对方领会的内容和自己说的不一样"。如此一来，你就沦落成一个缺乏基本职业素养的人。

作为逻辑沟通方面的专家，笔者在工作场合接触到各行各业的人士，发现大多的职场人在传达内容之前，就已经陷入"眼里只有自己"或"瞬间读心术综合征"的病症之中了。

"不要一上来就思考要传达的内容"，这虽然是一则反论，却是有逻辑地传达你想法的第一步。

2. 应当向对方传达怎样的信息

不少人讲话时的开场白是"我想说的是"，其实重要的并非"我想说的是"，而是"围绕此刻要解决的问题（主题），应该向对方传达的信息"。这在前文已经有所论及。

那么，信息是什么？形成信息要满足以下三个条件：第一，在沟通中，要回答的问题（主题）应该简明易懂；第二，要有一个明确的答案，它具备回答该问题或主题的必备要素；第三，沟通之后，希望对方如何反应，即期待对方做出的反应也必须是明确的。

本书所定义的"信息"，包含"问题""回答""期待对方做出的反应"这三个要素。"我想说的是"只符合这三个要素中的"回答"部分。反过来说，当你拿到某篇文章或听他人说话时，你的脑海中能否清晰地接收到对方提出的问题，进而给出对方认可的答案以及对方期待从你这里得到的反馈？只有明确以上内容，才能称之为"信息"。

为了避免患上"眼里只有自己""瞬间读心术综合征"等病症，要时刻不忘回归"信息"的原始定义，确认以下两项内容：①问题（主题），②期待对方做出的反应（参见图1-1）。

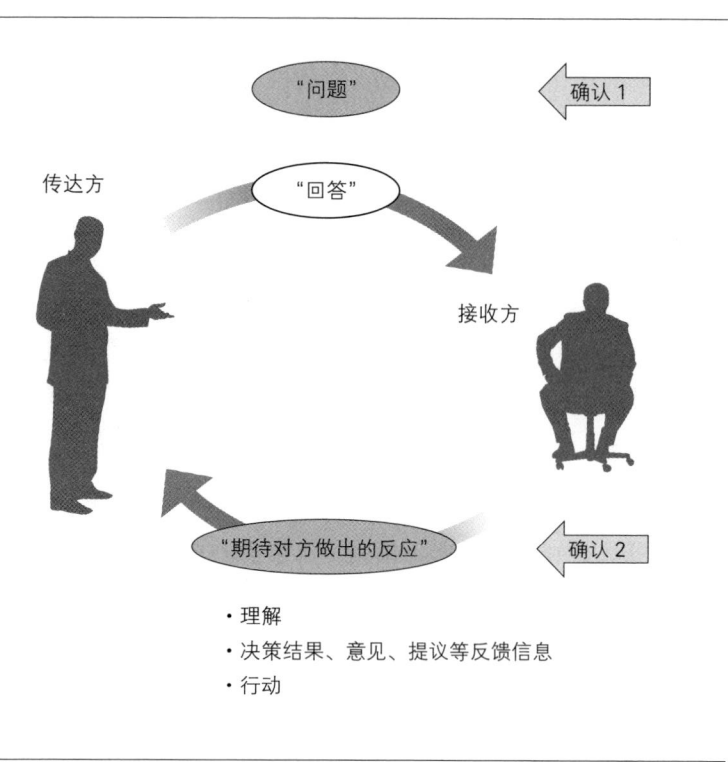

图 1-1　沟通之前的两项确认内容

确认1：问题（主题）

首先，确认沟通中应该回答的问题（主题）。这既适用于10分钟的简短说明、1小时的商业谈判，也适用于制作报告、提案书和企划书。请读者试着自问自答："此刻，要回答对方的'问题（主题）'是什么？"之所以提出这一建议，是因为无论你的回答多么精彩绝伦，一旦脱离问题（主题），就无法与对方展开实质性讨论。此方法也可用于上司或公司所给出的问题，以及读者自身设定的问题。

当然，商场上很少出现从一开始就完全搞错问题的情况。起初，每个人都是在正确认识问题的前提下进行讨论。然而随着讨论的推进，人们或有了新发现，或开始关注过去不曾注意的问题。这导致注意力偏离，并且无形之中人们头脑里的问题就会发生变化，而讨论越激烈越容易产生这一趋势。

例如，参会人员正就"项目A是否能实现商业化"展开讨论。这时你注意到，项目A不仅不能实现商业化，就连其现有的销售网络都存在重大问题，而销售网络正是商业化得以实现的前提。基于它既紧迫又重要的属性，你将主题概念转换为："该如何解决现有销售网络存在的重大问题。"我们假设这一问题意识无误，应优先讨论现有销售网络，而非项目A。但是，面对现场前来讨论项目A商业化的人员，你如果突然提到"鉴于事情的重要性，今天我们拟讨论现有销售网络的现状及其问题"，结果会怎样？如果你不明确地表明变更主题的原因，恐怕很难展开你所期望的讨论。一旦主题"搞错方向"，即便是费尽心力地提出建议，最终结果也只能是南辕北辙。

因此，在写文章、做汇报之前，先确认问题（主题）——"今天的问题（主题）是什么？""接下来，我要说明的是××问题（主题）"。

确认2：期待对方做出的反应

召开会议或写文章时，你希望对方如何配合，又想引发对方的哪种反应？——倘若对此缺乏预判，你的沟通最多只能算"自言自语"。

在商务场合，向对方传达某些内容——这一行为本身并不是目的。通过传达使对方理解自己的意图，进而引出对方的需求和意见，或者使对方采取某种行动，让对方有所"反应"，这才应当是最终目的。简言之，传达本身是手段而非目的。

例如，要开一场30分钟的会议。其中一人满脑子都在琢磨自己要说什么，另外一人考虑的却是如何在会后得到上司的想法和指示——"你给出的A、B、C三个选项，我认为B比较好。下一步要着手进行成本分析，并听取相关部门的意见。"同样是去参会，笔者相信两人的收获应当大不相同。再例如，要在15分钟内向顾客说明公司的服务内容。与前面相同，其中一人纯粹是做15分钟的说明，而另外一人在思考如何引导顾客提出下面的问题："那么，贵公司具体能提供哪些服务内容，又将如何提供？"对两个人而言，由于他们提供服务说明时的心态截然不同，因此说话的内容本身势必也有所区别。

沟通之后，对方做出何种反应，才是成功的沟通？预设这一问题的答案，也是预防"眼里只有自己"的处方笺。

有的销售人员会认为："销售的目的通常是提高销售额，没必要逐一考虑顾客的反应。"但一次销售行为很难使顾客直接下订单，它需要销售人员不断调整计划。如下例：

> 第一次拜访。目标定位是使顾客初步了解销售人员、所属公司以及商品，引发顾客对公司产品的关注："啊！××公司原来生产这种类型的产品！真是有意思的产品！"
>
> 第二次拜访。使顾客了解公司的新产品与其他公司产品之间的区别，使用新产品可能产生哪些益处。目标定位为宣传新产品的竞争优势，以及产品对顾客的正向作用。这样能使顾客越发想了解产品的具体使用情况。
>
> 第三次拜访。引导顾客产生强烈的购买动机。通过限时优惠措施、让顾客倾听他人真实的使用心得等手段，刺激顾客的购买欲望："那就用用看吧。"

如果你是一名销售人员，那么你应该仔细推敲一份类似的营销方案，从而使三次销售行为的最终目的变成"让顾客购买产品"。而事先预估顾客在各个沟通场景下的可能反应，能避免发生一些不良事态，如灌输太多信息导致顾客难以消化、顾客认为销售人员在强行推销等。而且，一旦发现计划进展不顺利，也能及时修正。反过来，无论面对哪类顾客、哪种状况，都念咒般地重复同一套说辞的销售人员，大都不具备这样的想法——"这次沟通，我要使顾客做出什么反应?"

下文具体阐述商业沟通中"期待对方做出的反应"的三种情形（参见图1-2）。

（1）期待对方"理解"

希望对方听清所传达的内容，能正确理解，并内化为自身知识体系的一部分。业务联络、事务性联络等基本适用于这种情形。

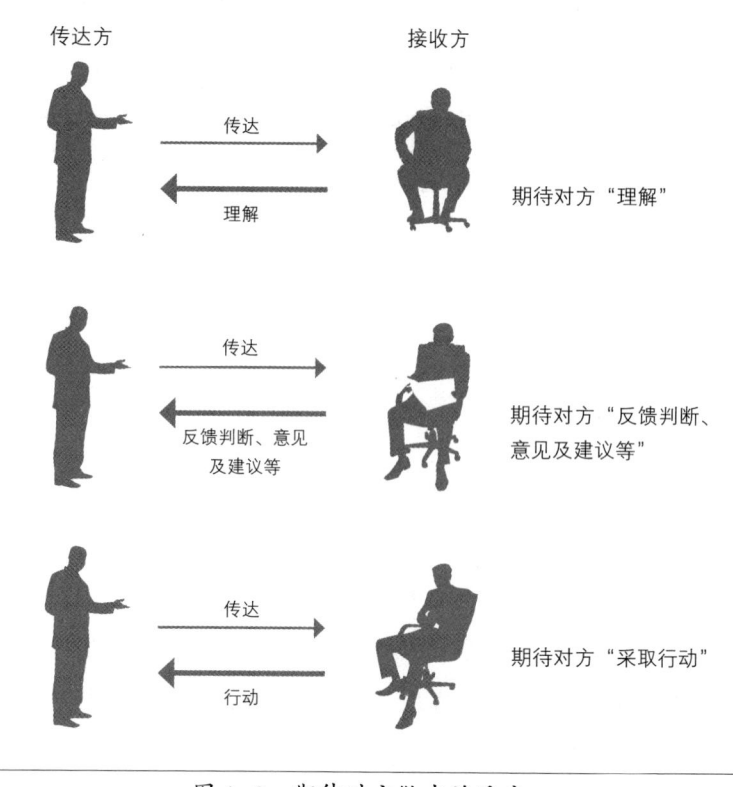

图1-2 期待对方做出的反应

（2）期待对方"反馈判断、意见及建议等"

希望对方正确理解你所传达的内容，并就对内容的理解，表示赞成还是反对、是否存在遗漏问题等，作出反馈判断、提出建议以及感想。通过听取客户意见和开展产品试销活动测试顾客需求，适用于此情形。公司内部会议及汇报等也属于此类范畴。

（3）期待对方"采取行动"

希望对方正确理解所传达的内容，并采取某些实际行动。适用的场景是，为了扩大产品或服务的销售，由销售代理店等第三方说明扩大销路的对策，或者委托其进行宣传活动等。此外，希望对方填写问卷调查等也属于这一情形。

面对同一主题，你是期待对方"理解"自己传达的内容，还是希望对方针对你的想法，给出观点、意见及需求等"反馈"？又或者是希望对方采取具体"行动（执行）"——诸如购买产品、扩大销路等？从上文不难看出，预期反应不同，传达内容的深度和广度均会有所区别。

3. 什么样的"答案"是正确的

与他人沟通之前，应该做好两项确认工作：第一，确认应当答复对方的"问题（主题）"；第二，确认沟通的结果，即你希望对方做出的"反应"。之后方可进入考虑实质回答的阶段。

我们经常见到，在面对大量信息和要素时，有些人被如何总结问题答案折磨得苦不堪言。确实，人们在工作中要回答的问题形形色色，答案本身也千差万别。笔者接触的企业人士来自各行各业，面临的挑战也涉及方方面面。尽管笔者不是企业内部人员，不直接触碰业务内容，但即便如此，我们在拿到别人的文章时，总能指出"这里有些别扭""这样修改会好一点"。究其原因，是因为笔者经常问自己以下几个问题。

- 针对问题，你是否能够清晰地接收到传达方认为该采取的行动？是 Yes 还是 No？他的意见是什么？
- 导出结论的论据，是否能让人信服？
- 当结论是采取某项行动时，是否指明了具体做法？试想，由你向部下做出行动指示，在你的脑海中能描绘出指示的具体内容吗？

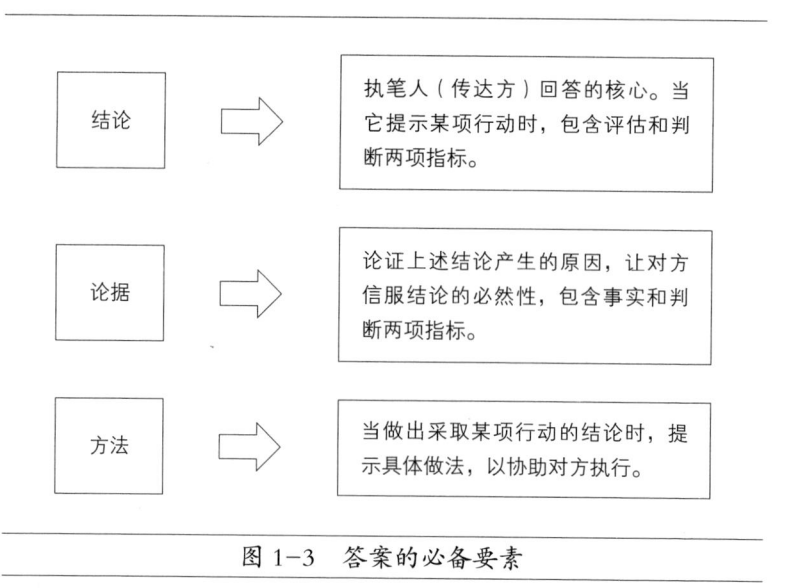

结论	⇒	执笔人（传达方）回答的核心。当它提示某项行动时，包含评估和判断两项指标。
论据	⇒	论证上述结论产生的原因，让对方信服结论的必然性，包含事实和判断两项指标。
方法	⇒	当做出采取某项行动的结论时，提示具体做法，以协助对方执行。

图 1-3 答案的必备要素

针对以上设问，能否准确地回答 Yes，是检验答案要素完善与否的标志。

在职场中，回答一个问题的必备要素，并不会随着问题的改变而改变。答案的要素是恒定的，只包含三点：首先是"结论"，"用一句话来概括我的回答，那就是……"——它是答案的核心部分；其次是"论据"，它论证结论是否恰当，以及得出这一结论的原因；最后是"方法"，当做出采取某项行动的结论时，它说明具体应当如何执行（参见图 1-3）。

4. 为什么你的"答案"行不通

答案包括结论、论据和方法。作为一名职场人，你时常听到相同或类似的表达，所以你认为在答复对方时，理应纳入这三种要素。的确，这是理所应当的。但问题是，对于你思考的结论，对方是否同样感到明确易懂；你提出的论据，是否能充分说服对方；你考虑的方法，是否能够让对方真正付诸执行。于对方而言，这三个关键词必须明确易懂，否则将毫无意义。

人类不可能完全客观地观察自己的所思所想，但有几个点能够帮助你进行核查。当你是传达方，核查点能够帮助你确认答案的必备要素是否完善；当你是接收方，在难以理解对方话语时，核查点能够帮助你确认为什么不懂、什么地方不懂。

导致无法传达"结论"的两个陷阱

陷阱1　结论是"归纳答案",而不是"归纳自己想说的内容"

如图 1-4 所示,这是一份来自 A 服装制造商的研究报告。为了找出"公司是否应该加入制造零售业这一新型业态"的答案,A 公司专门成立了由社长直接负责的项目小组,耗时 3 个月,完成了项目研究报告。假设你是社长,读到这份报告,你会作何感想?

报告详细列举了各项分析数据,从中可以窥见小组成员的努力程度。然而,由于社长并不具备瞬间看透报告执笔人员如何来回讨论以及反复修改的神力,看完结论的他,恐怕会反问:"那么,到底是加入,还是不加入?"

令人遗憾的是,一旦对方说出"那么,到底是哪个?",我们就不得不承认这是一场失败的沟通。

站在阅读者的立场上,你可能感到难以置信。换位思考一下,倘若你作为执笔人呢?实际上,这种情形极易出现。执笔人并非一开始就搞错了讨论主题,但在探讨过程中,新发现、新想法不断涌现,于是他想要传达的内容也接二连三地出现。只有接收各种各样的信息,不断深化思考,执笔人才会比最开始时有所进步。而思考的深入水平,将决定进步的程度。

但请注意,你的沟通对象是社长。亲临报告会现场的他,虽然内心早已有判断,也清楚问题症结所在,可是对于自己提出的项目课题,他还是期待听到下属的回答。也就是说,他在等待"是否加入 SPA 业务"的答案。

> 结论
> "探讨是否加入 SPA 业务，需要充分论析业务的盈利能力和竞争对手的发展趋势"

……………………………………
……………………………………

……………………………………
……………………………………

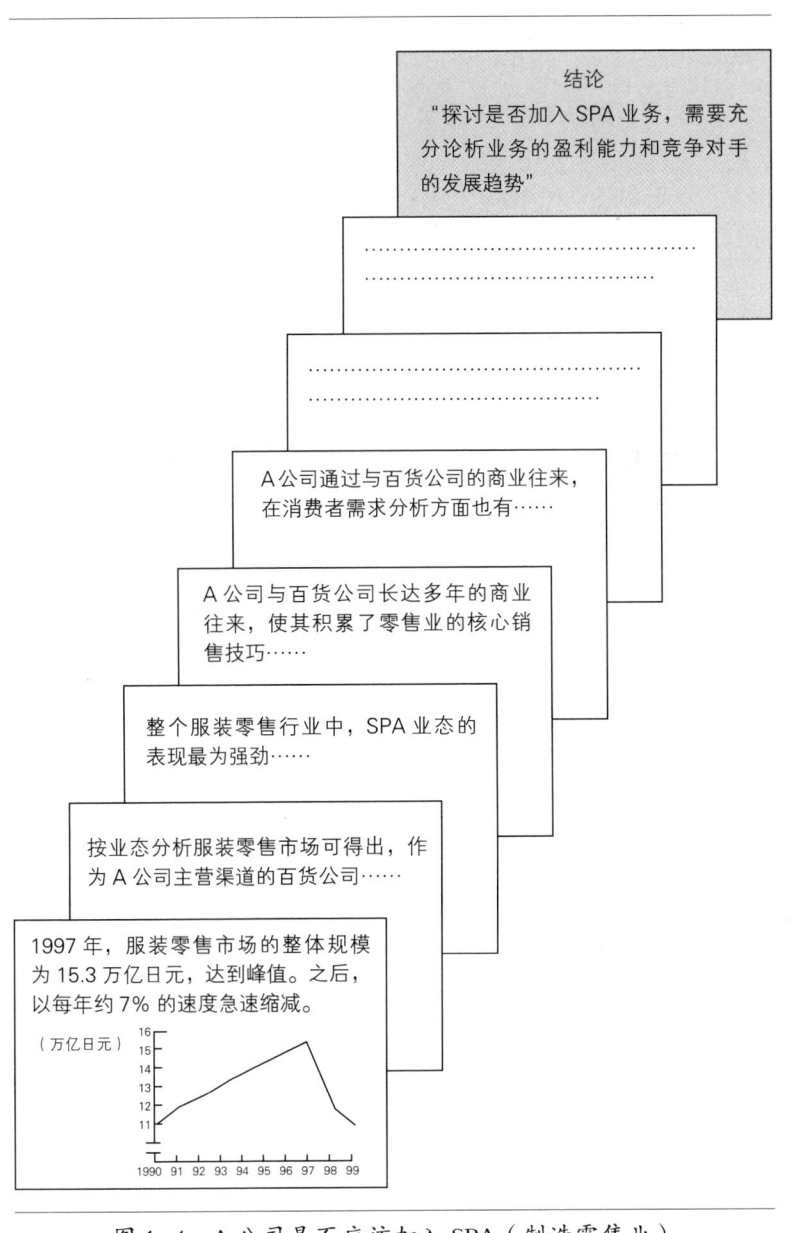

A公司通过与百货公司的商业往来，在消费者需求分析方面也有……

A公司与百货公司长达多年的商业往来，使其积累了零售业的核心销售技巧……

整个服装零售行业中，SPA业态的表现最为强劲……

按业态分析服装零售市场可得出，作为A公司主营渠道的百货公司……

1997年，服装零售市场的整体规模为15.3万亿日元，达到峰值。之后，以每年约7%的速度急速缩减。

（万亿日元）

图 1-4　A公司是否应该加入 SPA（制造零售业）

专栏

当你想传达的"答案"不符合最初的问题设定时

在沟通中,"回答对方的提问"是一大原则。但遇到以下情形时,该怎么办?

举个例子,客户前来讨论产品的交货时间。但在调查客户的物流体系后却发现,调整产品交货期只能治标不治本,改善库存管理系统才是关键所在。

这时,通常应该先回答对方的问题,再给出进一步建议:"恕我僭越,如果您希望整个物流体系大幅提升……"回答客户问题等于达成了客户的预期目标,在此基础上,如果你的提议可能产生更好的效果,客户才会积极接受。

那么,面临以下情形又该如何?同样,客户前来讨论产品的交货时间。经调查,必须调整原材料的购入时间,否则很难缩短交货期。于是,需要建立一个大型项目。但这个项目不仅涉及客户方,还要纳入原材料方。

这种情形比较难处理。"要想缩短交货期,我们公司应如何做?"——针对这一问题,直截了当的回答是:"只对贵公司内部加以改善,效果有限。若想切实缩短产品交货期,必须从采购入手,这就需要把对原材料采购商的改造涵盖在内。"对于这个回答要考虑的是:首先,上述反馈是否符合客户预期;其次,客户是否想照此处理。笔者不认为客户会依照办理,因此采取以上回答的效果欠佳。

话虽如此,如果只是机巧地提议于公司内部进行改革,处理那些做与不做两可的问题,又有违职业伦理。

因此,在你知道"给出的问题没有答案"时,尽量第一时间说明为什么无法回答,并重新设定问题。这种情形下,本专栏上述例子可以重设为:"要彻底缩短交货期,该如何改进公司内外的整体业务?"

此外,还应该注意重新设定问题的时间点。如果明天即将召开说明会,你才提出"其实这个课题本身存在问题",只会让人怀疑你对待工作的态度。

无论什么情况下,问题与答案之间都应配套,这是逻辑沟通的根本。

当你认为"这就是答案"时,笔者希望你再重新确认一遍问题。具体涉及两方面:第一,结论是否已经言简意赅;第二,对于你要解决的问题,这是直指核心的答案吗?无论哪种沟通,答案及其核心结论都必须要与问题保持一致。

陷阱2 "根据情况""有些场合"等表示附带条件的表述是催生各说各话的温床

若想将结论明确无误地传达给对方,应该注意避免使用会产生歧义的词汇和说法。

笔者曾接受下述咨询。某旅行社分社社长A先生向笔者诉说烦恼:"我召集各部门负责人开晨会,在会上向全体人员传达了同样的内容。有的部门立刻按照我的指示开展工作,有的部门过了整整一天甚至两天也不见任何动静。这种差距究竟是如何产生的?"而且,立即执行指示的部门和不执行指示的部门总是固定的。据悉,立即执行指示的部门负责人B先生,在A先生担任这家分社的社长之前,就曾是A先生在另一个部门的属下。笔者实际参会后发现,A先生的话语几乎全是"根据情况……""随机应变……"A先生说:"本周是黄金周行程预约最为密集的一周,向顾客确认预约时,要根据情况……"这时,他的多年老部下B先生能够根据以往的经验充分解读A先生的意图,知道实操层面的"根据情况"所代表的含义。但是,我们很难期待与A先生接触不多的部门负责人也能理解内容的本质。没能彻底执行指示的原因不在于部门负责人的理解能力,而是因为A先生的指示不够明确。在公司内部已经频发这类问题,那么在对外交流中问题想必只会更多。

当"根据情况""有些场合"等表示附带条件的词语脱口而出时,读者朋友就要多加注意了,一定要问问自己:所谓"根据情况",具体是哪种情况、该如何做;所谓"有些场合",具体是什么场合、该如何执行。

在你具备清楚说明附带条件的能力之后,再把具体要说明的内容传达给对方。例如,不是"根据情况",而是"将 A 产品的销售额同比提升 105%";不是"根据地区",而是"代理店覆盖率低于 40% 的地区"。也就是说,要明确指出附带条件的具体内容。

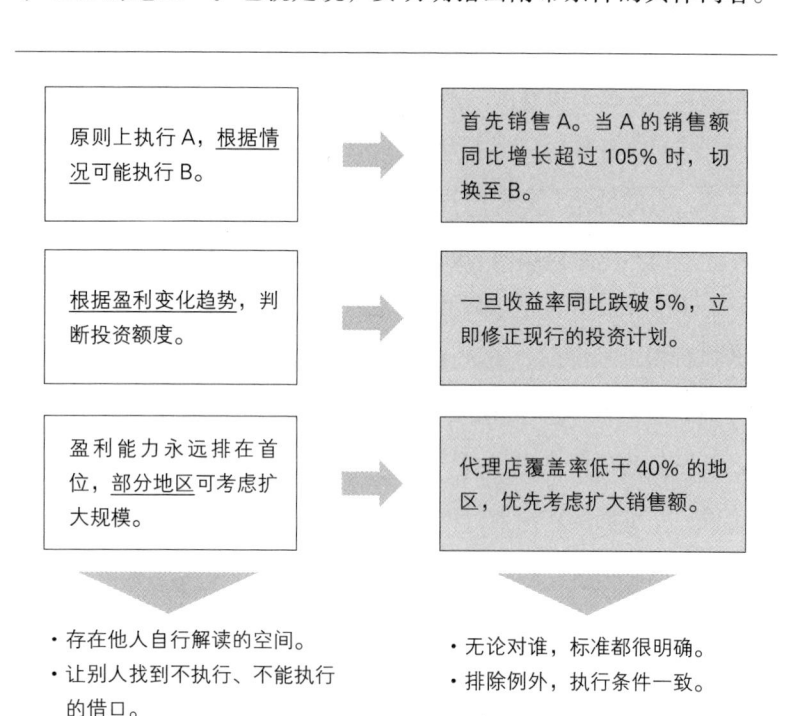

原则上执行 A,<u>根据情况</u>可能执行 B。	→	首先销售 A。当 A 的销售额同比增长超过 105% 时,切换至 B。
<u>根据盈利变化趋势</u>,判断投资额度。	→	一旦收益率同比跌破 5%,立即修正现行的投资计划。
盈利能力永远排在首位,<u>部分地区</u>可考虑扩大规模。	→	代理店覆盖率低于 40% 的地区,优先考虑扩大销售额。

▼	▼
・存在他人自行解读的空间。 ・让别人找到不执行、不能执行的借口。	・无论对谁,标准都很明确。 ・排除例外,执行条件一致。

图 1-5　铲除各说各话的温床

对于附带条件，不仅要做定量表述，而且出现诸如"当顾客提出关于店铺内定金处理速度的要求时，开始……的讨论"之类情况时，必须通过定性描述内容的属性，明确附带条件的具体所指（参见图1-5）。

如果说明不够明确，那么非常遗憾，它表明你尚未吃透问题。这既不是语言表达的问题，也不是沟通的问题。消除附带条件，才能使你的结论越发清晰。

导致无法传达"论据"的三个陷阱

毋庸置疑，对于一个主题，不管结论如何正确，只要无法证明"这个结论是怎么得到的，它又为什么正确"，就无法说服对方。论据的传达，实在不容小觑。大多数传达方费尽心思地传达论据，但接收方往往认为这些论据根本构不成理由。如果你觉得"传达方和接收方的信息量和理解程度毕竟不同，即使不能完全传达意思也情有可原"，那人与人之间的沟通还有何意义？话又说回来，倘若两方的信息量和理解程度处于同等水平，还有必要进行传达吗？虽然我们很难准确判断对方是否觉得论据充分，但只要留意以下三点，判断的精准度就会大幅提升。

陷阱1 "因为缺乏A，所以需要A"——这说服不了对方

"为提高公司的收益率，当务之急需要强化销售能力。因为公司的销售能力非常薄弱"——对此，试问会有几人赞同？再比如，"公司应该开发新产品。因为在过去的3年里，没有新产品问世"，

这又会如何？

因为没有 A 或 A 比较薄弱，所以接下来我们需要拥有 A 或强化 A，这不过是将硬币的另外一面拿出来展示而已。而在实际沟通中，类似情况多得惊人（参见图 1-6），上面提到的两个案例就是其中的典型代表。但是，"因为缺乏 A，所以需要 A"，并不能成为论据。重要的是从引发某个现象的诸多原因中，找出起决定性作用的因素，并做出相应的解释说明。

假设当务之急是强化销售能力，那么只有解释清楚两个问题，即"销售能力薄弱对收益率造成了哪些不良影响？"和"也可能存在其他影响收益率的原因，为什么特别强调加强销售能力的重要性？"，才算给出了论据。新产品开发的例子也是如此，你一听到

结论相当明确吧！如何？！

为摆脱当下严峻的市场形势，公司应把客户群切换为 50 岁以上的男性。原因在于，之前我们一直没能把这部分人作为目标客户群。

图 1-6 缺乏论据，让人无法理解

下属的回答，挖苦的话就跑到了嘴边："那么，只要开发出新产品就可以了吗？"恐怕只有充分说明新产品的定位和目标，才会有人愿意大规模出资进行商品研发。

陷阱2　当对方产生"这是事实，还是你自己的判断、假设"的疑虑时，可信度已经减半

当别人问"为什么"的时候，存在两种展示理由的方式：一种是以客观事实为论据，另一种是以判断、假设为论据。这两种方式不存在孰优孰劣之分。但传达方往往认为，客观事实优于自己的判断和假设，同时也更能说服对方。

但是，从对方来看，传达方的说法却让人不知所云。并且，当传达方对自己的判断和想法缺乏自信时，也会有意识地对"那是自己的判断"施加模糊化处理，让人分辨不清究竟是事实还是判断。

例如，"公司产品销售不佳，是因为没有很好地捕捉时代潮流"这一表述，首先应该定义什么是时代潮流；但是即便已经明确了有关定义，对方可能依然无法判定，违背时代潮流这一结论究竟是事实还是传达方自身的判断（参见图1-7）。

假如是事实，那么应该指出具体存在哪些现象；如果是传达方的判断，则必须说明判断原因，以及是基于哪一点做出的判断。否则，不能称之为论据充分。顺带提一句，所谓"以客观事实为论据"，是指通过提示具体数字，让对方没有任何反驳（如"不，不会是那样""那不一样"）的余地（当然，顾客的批评是否正确，又另当别论）。

> 脱离时代、质感差是你个人的感觉吗?……若是,那你得把判断依据展现出来。

> 脱离时代、质感差是事实吗?……若是,那得拿出论据说服我。

> 公司产品在捕捉时代脉搏上略逊一筹。从消费者的角度而言,产品缺乏质感,格调不高。公司应尽快录用兼具格调和创造活力的设计师……

图1-7　一旦让人分不清是事实还是判断,可信度将减半

陷阱3　只有传达方认为"理所当然"

举个例子,当你被问到"公司是否该进入中国市场"时,你首先要考虑客观现状,具体包括中国市场的现状、同业公司的动向以及本公司的现状。但仅靠这些事实描述,还不能做出是否进入中国市场的判断。重要的是,基于以上现状,公司该带着哪些项目进入新市场,标准又如何设定。对职场人或问题解决专家而言,这是展现能力的最佳场合。

例如,有的公司认为当满足市场成长性、发挥公司优势、提升收益率这三点时可以进军新市场,也有公司是以三年期内回收投资、对其他业务产生协同效应作为判断是否进军新市场的标准。

观察各个企业的项目计划书可以发现,有的公司在罗列事实之后,犹如孤注一掷一般,简单直接地做出了做或不做的判断。实际上,一份成熟的计划书,其关键在于如何评价各项事实,并理清结论的依据。如果不明确表明结论的评价标准,只是给出结论即"投资或不投资,进入或不进入新市场",接收方甚至无法判断结论是否正确。

此外,就算会议得出了一致结论,但当我们向出席会议的人员提出问题,"你为何赞同'基于以上事实,将开展这项业务'这一结论?",试问,销售部门总监、生产部门总监、技术部门总监采纳的依据会相同吗?如果大家想法不一致,进入新市场之后,一旦出现纠纷,或者需要做出业务扩张、撤离的判断,势必出现步调错乱的现象(参见图1-8)。

图1-8 只有传达方认为理所应当

对企业而言，围绕"事实存在的问题，在找出答案的基础上，如何看待事实"这一判断基点，才是自身的战略视角，也是解决问题的关键点。对此做出清晰的说明，有助于在组织内部以及合作伙伴之间，共享问题的结论和相关论据。

导致无法传达"方法"的两个陷阱

方法要具体——笔者反复提及这句话，恐怕读者已经听得耳朵生茧了。除非相当迟钝，否则一定是执笔人或汇报人本身最清楚方法是否具体。下面讲述两种只讲方法、缺乏具体内容的典型模式。

陷阱1 其他公司适用的公理和十年前的公理，无法调动员工积极性

"强化公司竞争力，时刻关注客户和同业公司的动向，认清公司的长处和短板，集中各项管理资源投入至最可能差别化胜出的领域"——请读者想象人们听到这句话时的反应，也许谁也不会直接反对，但实际谁也不会有所行动。究其原因在于，这虽是战略，但只是战略定义，或可称它为普遍真理（参见图1-9）。战略定义适用于所有企业，不仅十年前适用，十年后同样适用，而我们要强调的并不是教科书似的真理。当把战略运用到企业层面时，必须说明具体执行方法，否则毫无意义。

有时，我们会看到上司自信满满地说大话："思考具体方法是下属的工作。"对此我们只能说，这种认知相当错位。恰恰是这类上司，一旦受到董事的反问"××，你具体打算怎么做"，他只能

好像在哪里读过……

公司明年的重中之重

强化公司竞争力，时刻关注客户和同业公司的动向，认清公司的长处和短板，集中各项管理资源投入至最可能差别化胜出的领域。

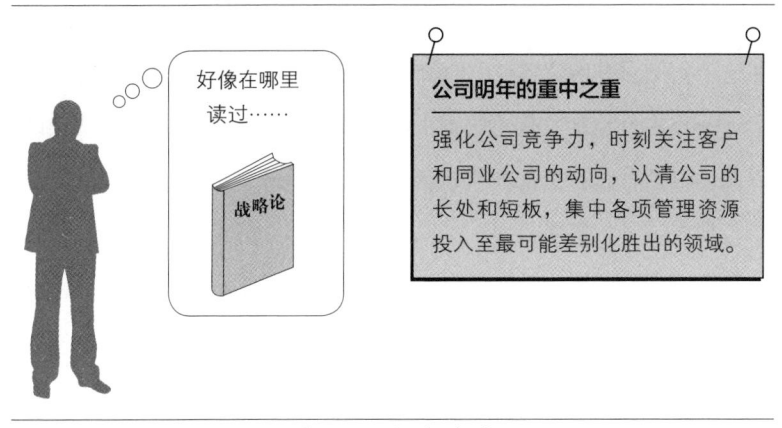

图 1-9　纸上谈兵

回答"要和一线人员好好讨论，才有结论"。试问，这像一名领导应该做出的回答吗？

同时，笔者也遇到过这类下属：面对上司下达的含混不清的指示，"是这意思吗？还是其他意思"——任由思绪漫无目的地飞驰。聪明的部下应该提问或向上司确认——"部长您说的，具体是指……吗"，想方设法理解具体内容。传达具体内容是传达方和接收方的共同课题，也是双方的共同责任。

希望读者就思考得出的方法，向自己发问："该方法是否只适用于自家公司，并只适用于现在？"如果回答卡壳了，说明那只是敷衍的做法，而不是真正的方法。

陷阱 2　修饰语无法替代具体观点

当听到"本公司以提高收益率为战略定位，在最高领导层的指导下,所有员工将全力推进跨部门多功能协作"时,你作何感想?虽然这个实例附有各式各样的修饰语,但用一句话概括则是"全公司要上下一心共同努力"。倘若内容不够具体,人们往往会加入若干修饰语,以便让内容看起来更加充实。然而多数情况下,这都属于无用功。

那么,如何做才能让"方法"变得具体?请允许我遗憾地说,这不是靠提高沟通技巧就能解决的问题。面对写得不够具体、说得不够具体的人,一味地鼓动其"再具体一点",根本不具实际意义。他充其量咬着铅笔头,再多加些诸如"全公司上下一体""重要课题""根本性措施"之类的修饰语。当你在写或说的时候,一旦觉得内容不够扎实,务必要转换尚未有效破题的思维模式。之后,对目前已知的内容重新设问"为何至此""为何产生这种情形""为什么要采取这种说法",由此判断你理解到了什么程度,对现象的挖掘和分析又进展到了哪个阶段。所谓"具体",既不是语言的问题,也不是表达的问题。能够写出、说出具体的"方法",表明你已经有了具体的解题方案,同时也意味着你已经明确具体该如何执行了。

举个例子,近来,某企业频发客户投诉事件(参见图 1-10)。这时,仅口头呼吁"要减少投诉!"不具实际价值。经调查发现,与其说是顾客在投诉商品故障,还不如说是过于恶劣的公司售后服务态度导致顾客不得已而发泄愤怒。于是,问题演变成"针对顾客投诉,改善售后服务态度"。可为什么公司应对投诉的态度很差?进一步调查发现,销售人员在销售商品时极其热心,但产品一经卖出,售后维修态度之冷漠简直令人惊心。这是因为,该企业只以新产品的销量作为销售人员的考核指标。因此,越是优秀的销售人员,越不愿从事与考核无关的产品售后服务,而是一味拼命推销新产品。

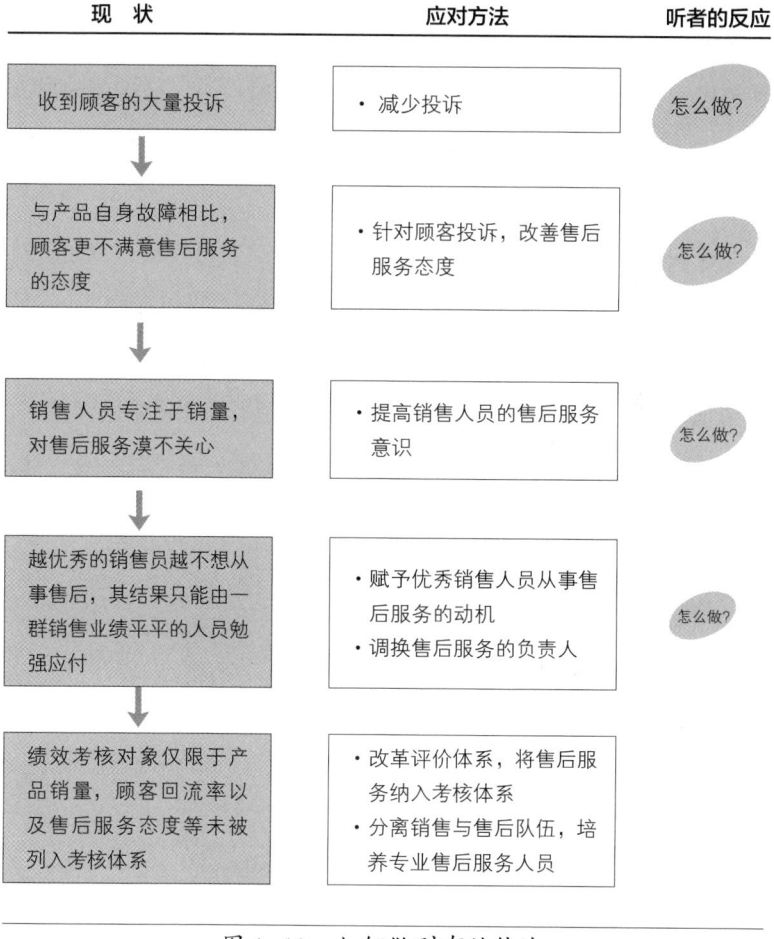

现　状	应对方法	听者的反应
收到顾客的大量投诉	・减少投诉	怎么做？
↓		
与产品自身故障相比，顾客更不满意售后服务的态度	・针对顾客投诉，改善售后服务态度	怎么做？
↓		
销售人员专注于销量，对售后服务漠不关心	・提高销售人员的售后服务意识	怎么做？
↓		
越优秀的销售员越不想从事售后，其结果只能由一群销售业绩平平的人员勉强应付	・赋予优秀销售人员从事售后服务的动机 ・调换售后服务的负责人	怎么做？
↓		
绩效考核对象仅限于产品销量，顾客回流率以及售后服务态度等未被列入考核体系	・改革评价体系，将售后服务纳入考核体系 ・分离销售与售后队伍，培养专业售后服务人员	

图 1-10　如何做到有效传达

其结果是，只能由业绩平平的营业员应对售后服务。分析至此，我们已经能归纳出以下两种应对方式：第一，改革考核制度，将售后服务以及由此带来的顾客回流率纳入考核体系；第二，分离销售与售后队伍，培养专业售后服务人员，建立区别于销售员的考核体系。只有思考到这种深度，对方才能认可你的具体解决方法并付诸行动。

大多时候，企业调查只能进展到图1-10的第三阶段，即"提高销售人员售后服务意识"——但这只是喊喊口号，最终什么都改变不了。针对已知事实，只有一遍、两遍……反复提问"为何如此"，具体实施方法才能呈现出来。

在确认方法是否具体时，笔者推荐一个自问自答法："如果站在实施人员的立场，需要了解哪些内容才能采取具体行动？"

阅读企业的中期计划书可以发现，里面充斥着大量类似图1-11的用词。贵公司的计划书是哪种风格？——笔者并非强调用词差异，认为这类词汇是不好的。问题在于针对以下问题——"怎么做""做到什么程度""何时开始、何时结束""由谁主导、谁来协作"，

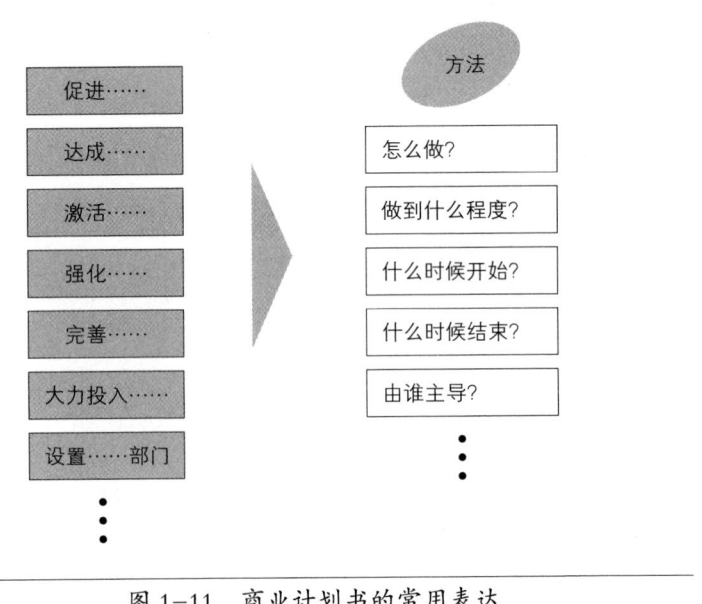

图1-11 商业计划书的常用表达

你能解答多少，答案又是否具体。也就是说，当别人说"既然如此，那你就做做看"的时候，你知道该如何做吗？

以上是本章的内容。至此，读者应该基本了解本书的研究对象即"沟通"。以"传达本身"为目的的"沟通"不在本书的研究范围之内。本书设定的研究对象是商业场合的重要沟通。它以事实为论据展开分析，同时强调以逻辑说服对方。当然，如果希望达到特定目的，本书的研究也可以广泛适用于地方社区等商业以外的沟通领域。

> **专栏**
>
> ### 成为敏锐的接收方
>
> 当今社会充斥着大量参差不齐、良莠不一的信息。当你阅读手边的资料时，如果习惯性地不假思索，恐怕难以高效地推进工作。
>
> 一拿到文章，不要条件反射似的直接阅读。请读者一定要养成这样的习惯：首先把握文章目的，以及它希望你做出的反应，之后再开始阅读。预先知道应该做出何种反应的阅读与不知道的相比，二者的阅读方法截然不同。
>
> 如果收到一篇文章，却不知晓它的目的，也不知道它对自己的预期反应，那么不要犹豫，请立即与文章作者和相关部门联系并咨询："这篇文章传达给我的目的到底是什么？""读完这篇文章之后，你们希望我做什么？"
>
> 在组织内部，确认问题及预期反应的习惯一经养成，应付差事的情况就会减少，沟通的效率和效果也会大幅提升。

灵敏度测试

作为本章小结,本部分将测试读者的沟通灵敏度。

问题 1

想成为优秀的传达方,要先做一名敏锐的接收方。请看下面方框内的文章,在评论内容的适当性和正确性之前,你发现哪里不协调了吗?

|提示| 假设你是阅读这份报告的部长,当这类文件传到你手中时,你会作何感想?其中的问题不在"市场规模增长与发展趋势""消费者减肥动向"的具体内容和细化程度上。如果你察觉不到真正的问题,那你可能是患了"眼里只有自己"的病症。根据前文所述,信息的要素包括哪些?与其相对照,以上文章又欠缺哪些内容?

2001 年 × 月 × 日

致食品业务部各部长

21 项目组

减肥食品的市场调查结果

本项目组经市场调查发现，减肥食品满足了人们对瘦身与口腹之欲二者兼得的双重期待，受到各年龄层消费者的喜爱。其市场总量预计将达到 ×× 万亿日元左右。

1. 市场规模增长与发展趋势

2000 年，减肥食品市场规模约为 × 万亿日元。自 1996 年以来，年均增长率高达 ×%。

· 从市场规模来看……

· 从商品品类的变化来看……

· 从增长率来看……

2. 消费者的减肥动向

在这五年间，减肥人群消费年龄层由青少年扩大至中老年，尤其是追求健康减肥的人数急剧增多。

· 从追求健康来看……

· 从追求美丽来看……

> **问题 2**

下面是一则关于公司内部召开学习会的通知,你发现问题了吗?

第 3 讲 M&A 学习会

主题:关于恶性收购不断增加的现状
　　——恶性收购案例数量的变化和股权公开收购的程序

时间:2001 年 × 月 × 日(星期六)13:00—14:30
地点:公司大会议室
内容:
　　1. 防御恶性收购的方法(13:00—13:45)
　　2. 对抗恶性收购的方法(13:45—14:10)
　　3. 讨论环节(14:10—14:30)

特此通知

> **提示** 所有沟通都始于确认"问题(主题)"。确认之后,检查机制会自动开启,用以判断学习会的主题与内容是否相符。

问题 3

越来越多的公司使用电子邮件进行职场沟通。假设你收到了以下邮件,如果你是一名敏锐的接收方,那么你应该会发出这样的感慨:"怎么回事?这部分应当说得再清楚一点。"

只需微调这封邮件的文字,写信人的意图就会变得格外明确。请读者思考,需要调整哪里?

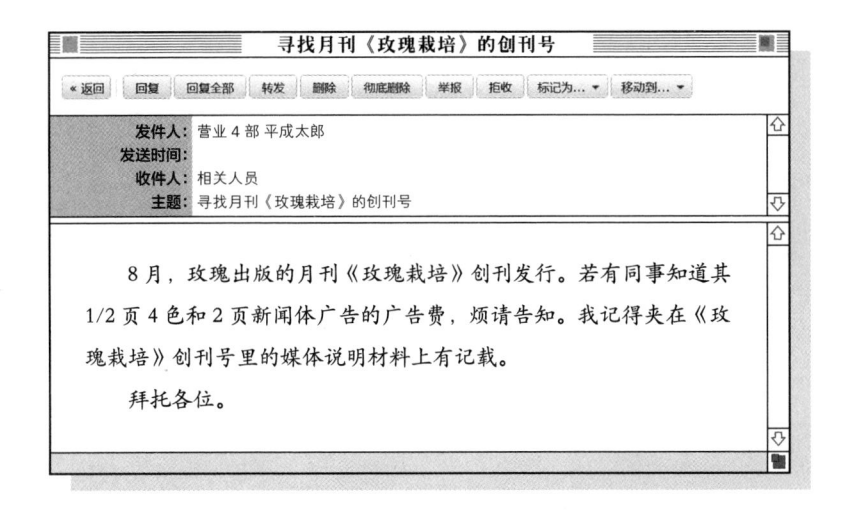

寻找月刊《玫瑰栽培》的创刊号

发件人:	营业4部 平成太郎
发送时间:	
收件人:	相关人员
主题:	寻找月刊《玫瑰栽培》的创刊号

8月,玫瑰出版的月刊《玫瑰栽培》创刊发行。若有同事知道其1/2页4色和2页新闻体广告的广告费,烦请告知。我记得夹在《玫瑰栽培》创刊号里的媒体说明材料上有记载。

拜托各位。

> **提示** 我们一直反复强调,沟通的出发点在于确认"问题(主题)"。这就需要明确指示主题,让对方的理解能与我方的想法保持一致。具体到这封邮件,对写信人而言,"问题(主题)"是什么?特别是在使用电子邮件进行沟通时,标题部分就要明确邮件的主旨内容。

> 专栏

如何让别人点开你的邮件

电子邮件在向对方传输信息时,不受时间限制,已经成为商业沟通的必备工具之一。职场人每天至少要阅读几十封邮件,其中既有公司的内部邮件,又有外网邮件。

为了最大限度节约时间,人们会将看起来与自己关系不大或不感兴趣的邮件留待后面处理,有些邮件甚至永远不会被点开。

所以,想让对方点开并阅读你的邮件,就必须在标题上下功夫。

在此,我们并非要让你写出"这是一则对你有帮助的信息",那样反而显得形迹可疑,导致对方立即删除你的邮件。

那么,应该如何做呢?答案是:明确标明主题,并写出期待对方做出的反应。例如,"关于××,请回复""后天请提交××""关于××会议更改日程的通知"。当你这样写邮件时,对方一定会点开阅读。

总之,写明主题以及你对对方的期待,在虚拟世界的沟通中也很重要。

第二章　为什么你的回答没有说服力

为了使结论更便于读者理解、更具说服力，笔者日常涉猎大量由职场人和高端学者撰写的文章，从中汲取养分。从过去的经验中笔者发现，难以理解、缺乏说服力的文章普遍存在两种常见缺陷：一是内容重复、遗漏、离题，二是内容不连贯。

1."答案"重复、遗漏、离题

回答难以理解的第一个缺陷在于，从听者和读者的角度看，回答的内容存在明显的重复、遗漏或离题。

重复是"大脑混乱"的标志

例如以下情形，你听了一段以"原因有三点"为开头的发言，却全然不得要领。仔细推敲具体内容发现，尽管说话者的表达和措辞不同，但第一点和第三点的叙述在本质上实则一致。对此，听者内心会逐渐萌生质疑："简单整理都做不到位，结论还能可信吗？是否存在重大误判？"

再比如，你的部门正在研究开发新客户一事。这需要投入大量的时间和金钱，绝不能盲目推进。为此，部门内部对应该以哪家企业为重点拓展对象进行讨论。你的部下A——一名热血的销售员——在讨论会上做出如下发言。

我推荐最近颇受关注的SYSTEMA公司。我清楚这并不是一件简单的事情，但基于以下三点，我认为部门应当考虑发展SYSTEMA公司为我们的新客户。首先，从客户组合的观点出发，SYSTEMA是为数不多的既属于成长型产业范畴，同时又处于初创期的进攻型企业。而我们部门的客户大多是有历史、属于成熟产业的大公司，当中缺少SYSTEMA这种正处于上升期、势必打破现有秩序的企业。拓展客户组合一方面能带来机遇，另一方面能分散风险。其次，从收益性来看，一旦赢得魅力型经营者的青睐，未来可能创造大商机。此外，在与这类型经营者接触的过程中，我们也有可能得到关于下一轮商机的启示。最后，从商业技巧来看，开拓新类型企业及其后续交易都在个性化领导层的影响之下，整个过程能让我们掌握大量知识。所以，从提高商业技巧的角度出发，同样意义非凡。

对于上述说明，读者的看法如何？乍一看，销售员A从客户组合、收益性、商业技巧等多个维度进行了考量。但深入思考后却不难发现，收益性和商业技巧所阐述的观点，其实都可归纳为一句话："我对正处于业务上升期的SYSTEMA公司的经营者感兴趣,想与之见面,想和他们公司打交道,所以希望将该公司列为我们要拓展的新对象。"如果你是一名善于引导下属的上司,笔者相信你会带着若有所思的微笑对他说:"我已经充分感受到了你对SYSTEMA公司管理层的兴趣。为此,你给出了三方面原因,也是非常不错的切入点。这份热情值得肯定。关于客户组合的部分,你的提议非常正确。接下来请你就收益性的未来预期,以及可培养的具体商业技巧做更为详细的说明。"倘若你被销售员A的热血言论所迷惑,浑然不觉内容已重复,那么公司支出的拓展费用可就打水漂了(参见图2-1)。

图2-1 重复的内容令人恼火

遗漏导致"一着不慎，满盘皆输"

第二种缺陷的情形如下：外行人也能听出明显的漏洞，但传达方未对此加以说明，只是一味主张、强调自身想法的合理性。

这会逐步加深接收方对传达方的怀疑。一旦引起接收方的戒心，使其认为除已知的漏洞之外，传达方的说明还存在其他决定性的疏忽、遗漏和缺陷，那么，即使传达方的结论是恰当的，接收方也会开启检查模式。

让我们回到刚才开发新客户的会议场景。继热血销售员 A 之后，B 科长也做了发言。B 科长洋洋洒洒地讲了五分钟，详细说明了开发 SATELLITE 为新客户的优势——"部长，我个人强烈建议开拓卫星广播公司 SATELLITE。考虑到今后广播行业的发展趋势，如将 SATELLITE 发展为我们公司的客户，可能带来以下优势……"然而，你脑海中闪现的却是友人那张哭丧的脸。友人购买了日前上市的 SATELLITE 的股票，但之后这只股再未上涨，反倒跌破了发行价的一半。对此，你势必会提出如下问题："好的，刚才你讲的全是优点。而据我所知，SATELLITE 公司正处于行业重组的大浪潮中，你如何看待可能出现的风险？"

真不愧是人送外号"视野狭隘科长"的 B，他只顾着阐述选择 SATELLITE 公司的优点，对于风险以及 SATELLITE 存在的缺点，却未做任何说明。当论述出现类似疏漏、缺失时，注定无法说服持有不同看法的对象。这不是"突破一点，全面皆赢"，而是"一着不慎，满盘皆输"（参见图 2-2）。

图 2-2　传达方听不出自己口中的漏洞

离题导致脱离原本的交流主题及沟通目的

　　第三种缺陷是在交流中混杂了不同种类、不同层面的话题，使得内容令人费解。就像谈橘子的话题时却掺杂了苹果。橘子和苹果都属于水果，从性质上可能不好辨别，但如果插入了萝卜呢？在这种情况下，接收方听不懂还算事小，可怕的是在会议进行过程中，传达方和接收方都未注意到内容的混杂和离题现象，导致结论大大偏离主题，不知所指，那可就谬以千里了。

　　让我们再次回到刚才的会议场景。继 B 科长之后发言的是思路不对头、总是错位的 C。

我对 A 提议的 SYSTEMA 公司、B 科长提出的 SATELLITE 公司，以及 SUI-A 公司进行了综合考察。之所以将这三家公司列为考察对象，是基于它们最近三年的销售增长率。SUI-A 过去是我们部门的客户，只是最近五年彼此之间没有生意往来。综合考虑的结果，我认为与其开拓 SYSTEMA、SATELLITE 等新客户，不如投资已经有实际业绩基础的 SUI-A，这样效率更高，投资成效也更大。

部门正围绕开发新客户这一主题讨论拓展对象，而把过去有良好业绩、但现阶段没有生意往来的企业纳入讨论体系，显然属于文不对题。实际上，这种情况经常发生：参会人被投资效率、投资成效等具备感召力的措辞所鼓动，深表赞同之余，讨论主题也变更为是优先开发新客户，还是激活沉寂的老客户。遇到前述情形，只要你不是那种超级无能上司，并且已经事先考虑过"为什么是开发新客户，而不是激活老客户"，那么你一定会果断制止这场讨论："在上一次的会议中，公司已经从多个角度论证了开发新客户的必要性，并达成了一致。很明显，我们不能在同一层面上讨论 SYSTEMA、SATELLITE、SUI-A 这三家公司。"（参见图 2-3）

综上所述，内容的重复、遗漏、离题，严重阻碍了对方的理解。这是话题令人费解的第一个原因。

图 2-3　不在一个擂台的选手，进行不了相扑

2. "答案"不连贯

假设有人提出"因为 A、B、C，所以 X""因为 A、B、C，所以结论为 X"，那么对接收方而言，X 是依 A、B、C 三项因素得出的直接结论，或是从 A、B、C 简单推导得出的上位概念。这是较为普遍的思维方式。

然而，我们稍加思考即可发现，A、B、C 与 X 之间无法建构联系，因为这里面缺少了令接收方理解传达方结论的依据。尽管内容重复、遗漏、离题会减缓接收方的理解速度，或者令对方产生怀疑，但只要重新加以整理，还存在让对方理解的空间。可是，内容不连贯等于完全切断了对方理解的路径。

例如，新年伊始，业务部部长做出如下致辞。对此，你是如何看待的？

众所周知，当下，我们面临的业务环境极其严峻。今年，部门将尽最大努力消除冗余，实现财务、业务两方的最优化运营。基本方针为以下三点。

第一，严格管控投资回报率，ROE①连续3年低于5%的业务可能被撤资。

第二，保留具备竞争力的业务部门。对于缺乏竞争力的部门，若外包商能提供更优质、价格更公道的服务，则积极起用外包商。

第三，关于产品研发和改良，探索与其他公司合作，以最小的投资实现收益最大化。

鉴于此，总务、发单、接单业务将走外包流程。中央研究所虽也未能达到预期发展目标，但公司历任社长均为研究所出身。它是咱们的发祥地，因此要保留到底。

如上所述，业务部部长明确指出产品研发和改良与其他公司合作，不具备竞争力的部门引用外包商。可没有成果的研究所为何"……因此保留到底"？这恐怕难以获得理性、冷静的人员的认可。保留研究所不符合业务部门本年度的基本方针，而是公司以及业务部门的想法与希望。正确的说法是："我们不想失去具有历史意义的中央研究所。因此，要把它保留下来。""因此"之前是公司的理念、信念，而不是业务部门的基本方针。这则例子搞错了前后应该接续的内容。

此外，还有大量类似下图2-4的例子。贵公司的商业计划、具

---

① ROE，指净资产收益率。——译者注

> **商业计划书**
>
> **前期问题**
>
> - 新客户开发进展缓慢：与 A、B、C 公司都进行了接触，但进展到递交提案书阶段的对象只有 A 公司。
> - 大型老客户交易额增长乏力：来自大客户 D、E、F 公司的交易额同比转为负增长。与去年相比，公司虽加大了拜访频率，但新商品的订单量依旧低迷。
> - 小型老客户休眠率加大：一年以上无交易的休眠客户增多。这部分客户群单家公司的销售额并不大，但盈利能力很高，所以休眠率加大直接导致本公司整体盈利能力大幅下降。
>
> **当期策略**
>
> - 根据客户属性划分销售方式，分为利用呼叫中心和网络的间接销售，以及销售人员与客户对接的直接销售。
> - 对于大客户，由销售员直接对接，以提高销售额和盈利能力。
> - 对于小客户，通过合理利用呼叫中心和网络销售，提升营业效率，加大对接次数，扩大营业覆盖率。

图 2-4　逻辑不清晰的当期策略

体部门的当期商业计划书是否也与此相类似？

　　基于计划书的一般书写顺序是前期问题在前、当期策略在后，人们自然认为基本框架该是：根据前期存在的问题，制定当期策略，以解决问题，并取得进一步的成长。写计划书的人在做口头汇报时，思路也是按照："前期包括……问题，对照现实情况，本期采取……

策略"。

但是，对于已经加大拜访频率，却未收到订单的大客户，频繁拜访真的有意义吗？对于已经中断商业往来的小客户，通过呼叫中心和网络渠道能重新激活这部分休眠客户吗？还有正在拓展中、看不到新进展的客户呢？……该部门面临的挑战之多，很难让我们对其本期业绩产生信心。

笔者相信职场人不会"蛮干"，硬把缺乏关联、逻辑以及不连贯的内容传达给对方。无法向对方传达文脉自身的前后联系——这本身蕴含着极其巨大的风险。内容不连贯、逻辑不清晰，是话题令人费解的第二个原因。

前文阐述了"内容重复、遗漏、离题"和"内容不连贯"这两种常见缺陷。如果沟通双方面临任何一种问题，对方都将被迫开启复杂的作业程序：大脑再次验证有关信息，搜索不恰当之处，思考事情的原貌，捕捉其中的差异性。而大部分人并不会彻底执行这项繁杂的验证程序，他们要么在过程中因不耐烦而停止思考、搁置问题，要么自觉或不自觉地以自己的方式、认知水平做出相应判断。

向对方传达富有逻辑的信息，重点在于使对方不去启动"复杂冗余的工作程序"。因此，笔者希望传达方事先自我检查，仔细整理自己的思维，确保内容不出现严重的重复、遗漏、离题以及不连贯等问题。这是商业场合应当遵守的基本沟通礼仪。

Logical Communication
Skill Training

――――― 第二部分 ―――――

如何练就逻辑思维

当你向他人传达信息时,首先确认要传达的问题,其次确认传达之后希望对方给出的反应,最后考虑如何进一步回应对方。经过这样一番思考,"结论"基本都会浮出水面。如果得不到结论,意味着尚未破题,而这不属于传达层面的内容。

笔者觉得,每个人都有过这样的苦恼:自己内心十分清楚想要传达的结论,但面对堆积如山的信息和资料,该如何整理才能让对方认可自己的结论?

正如"我的结论是X,从以下三个观点出发,可导出X"所示,每个人都希望自己的思路条理分明。问题在于:如何整理手头资料,才能归纳出"以下三个观点";又从哪个角度切入,才能把各项论据整理成使对方信服的"以下三个观点";更进一步,假设你找到了A、B、C这"三个观点",可当你提出"A、B、C,因此X是我的结论"时,对方认可你推导出的结论吗?

人们抱有上述烦恼是正常的、合理的。它是你具备沟通意识的证据——你希望向对方传达信息,同时希望获得对方理解。那么,具体该如何操作?答案就在"MECE""So What / Why So"这两项技巧当中。

第三章　消除"答案"的重复、遗漏、离题

1. MECE：消除重复、遗漏、离题的技巧

当你向对方展示自己的结论时，如若论据和方法存在重复、遗漏、离题，就会造成对方的理解障碍。反言之，一旦意识到这些问题，则表明我们已经掌握了"事物的整体外观"（集合）。在传达信息时，只要搞清楚必须抓住的几个要点，就能将眼前的信息与要点相对照，从而判断"哪里存在缺漏""哪里重复""哪里离题"（子集）。重点在于了解"集合"，以及集合由哪些"子集"构成。在熟知的业务和专业领域，容易找出存在的遗漏和重复等问题，这是因为长年的经验和知识积累能够帮助我们判断具体的集合以及构成集合的子集都有哪些。

但是，有时我们会习惯性地忽视某些内容，有时在不熟悉、欠缺经验的领域，确认机制不再发挥作用，那就会让人心里更加没底。不过没关系，现在当你阐述自己的结论时，即使是不那么擅长的主题和领域，也存在一种检测技术，既可以避免内容出现较大重复和遗漏，又能帮助对方更好地理解你的结论。这项技术就是MECE（参见图3-1），出自麦肯锡管理咨询公司。

> 对某件事情或概念，能够做到不重复、不遗漏地分类，并借此把握问题核心。
>
> Mutually Exclusive and Collectively Exhaustive
> （相互独立）　　　　（完全穷尽）

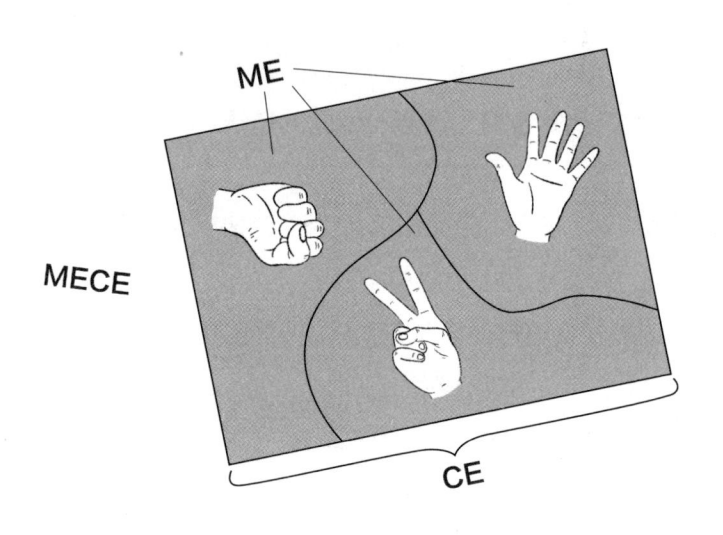

图 3-1　MECE 的含义

什么是 MECE

　　MECE 是一个耳生的词语，由 Mutually Exclusive and Collectively Exhaustive 的首字母组成，意思是"对某件事情或概念，能够做到不重复、不遗漏地分类，并借此把握问题核心"。前文已述，集合是由不遗漏、不重复的各个子集构成。借助集合的概念，应当便于读者理解 MECE。

例如，日常与你所属部门缺少直接接触的董事提出："你来讲讲，你们部门正在追踪哪些信息，大致什么情况。"你将如何整理、分析部门内部滚动着的大量信息？

笔者认为大致有以下三种分析方法。

模式1　罗列法

列举你能从外部想到、看到的一切信息。《日本经济新闻》《朝日新闻》《日刊自动车新闻》《日经产业新闻》《纤研新闻》《业界纸2纸》《周刊朝日》《日经 Business》《周刊东洋经济》《周刊 Diamond》《供应商通讯》……这样的名单，你可能瞬间举出一百多个。

细致浏览之后，你向董事列出完整名单："董事，我们部门追踪的信息共计83项。具体包括……"汇报中途，脾性好的董事还在脑海里努力整理、分析你所列举的名单项，但很快他就放弃并喊出："你先下去整理分析，再来汇报。"

这一模式的劣势在于，即便列举了100项、200项，但只要对方反问"这就全了吗，真的没遗漏吗"，就连你本人也没法当场做出肯定的回答。于是，你不得不进行庞大的查漏补缺作业，以确认是否真的没有遗漏（参见图3-2）。

图 3-2　罗列法

模式 2　分类法

所谓分类法，是指在一定规则下，按照顺序机械式地对来自外部的信息进行划分。基于星期或上午、下午等时间段的划分方法即可归纳为此类。例如，星期一的早间信息、午间信息、晚间信息。遵循这一划分要领，便于开展检查确认工作。

但是，分类法也存在问题。假设你如此汇报："董事，我依照星期分类法对部门接收的外部信息进行了整理，得知总共有83项。首先是星期一，上午有……下午有……"结果会如何？与刚才的罗列法相比，星期分类法确实更清晰。但当汇报到星期二时，你应该能比董事更早注意到名单高度重复的问题。如果部门订阅了日报，那么同一份报纸至少出现7次。于是，这次你又要进行查重，并反复确认:"真的没有重复,没有遗漏吗?"

在这一模式下,虽然董事能够了解按星期或按上下午等时间序列接收的信息数量,但由于无法获悉信息种类和特征,他还是会心生疑窦:"下属回答我的问题了吗?"——而这恰恰验证了前文我们提到的"重复是大脑混乱的标志"(参见图3-3)。

图 3-3 分类法

模式3 MECE 分析法

假设我们把部门接收的外部信息看作是一个集合,在不遗漏、不重复的前提下,请设想这一集合由哪些子集构成?例如,首先可大体将其划分为定期信息和不定期信息、公开信息和非公开信息、收费信息和免费信息、行业信息和非行业信息。这可以初步避免重大的遗漏、缺失以及重复。其次，将定期信息按照月刊、双周刊、周刊等不同出版周期进行整理。根据信息形态，不定期信息包括在线发布、视频，以及纸质资料。更进一步，纸质资料又分为页数较少的时事通讯和装订成册的版本。之后，你再行汇报："董事，我们部门接收的外部信息大体分为定期信息和不定期信息两类，总计83项。具体来看，定期信息包括……，不定期信息包括……"（参见图3-4）

站在听者、读者的立场，模式3即MECE分析法最易懂，作为回答也较为简洁。为什么MECE更简明易懂？

这是因为在展开详细解说之前，已经明确了传达方计划传递内容的整个图像，即答案的"整体"及其"部分"——集合与构成集合的子集。正如"我们把部门接收的信息看作一个集合，它由定期

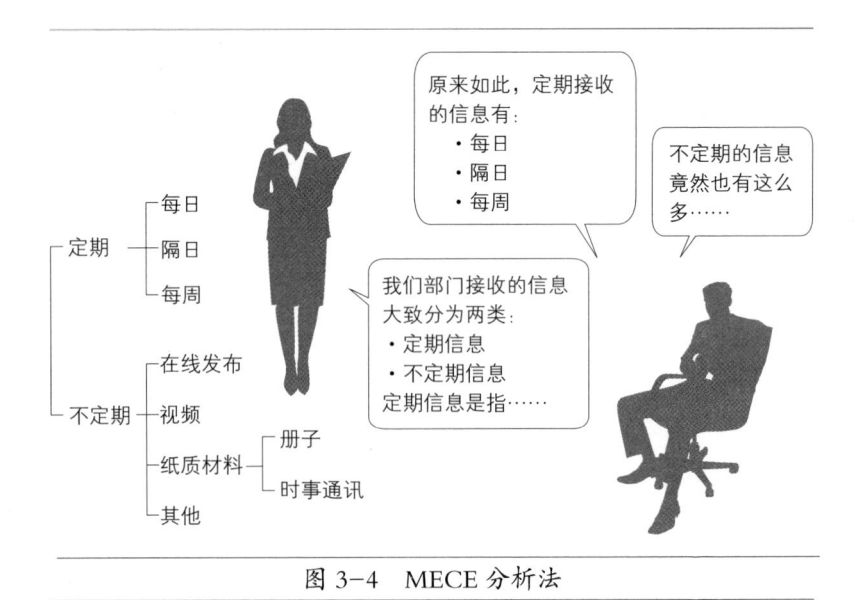

图3-4　MECE分析法

信息和不定期信息两个子集构成"所示，MECE 的思路是以某个问题、概念为集合，再将其划分为不遗漏、不重叠、不离题等若干子集。此外，借助 MECE 传达的整体概念较为明快。传达方用 MECE 分析法进行说明后，一旦接收方感知到"所有子集生成一个集合"，他就会把对方思考的"集合"置于自己的理解框架内，并在大脑中进行整理。这样一来，接收方就进入了传达方开展讨论的"平台"。

另外，有一种观点认为：为便于接收方更好地理解，应在接收方的"平台"上展开说明。可事实是，在自己不熟悉的"平台"上，只有少数人才能分析得让他人觉得简明易懂。因此，更为现实的做法是，把自己的"平台"（常识方面不存在重大缺点，如重叠、遗漏、离题等）清晰地展现给对方，然后引导对方进入。MECE 恰恰是一项展示己方平台，并让对方更容易踏上来的技术。

多知道几个 MECE 的切入点

擅长表达的人，可以从多个角度阐述同一件事情。当以某事为集合时，一旦传达方知晓多个 MECE 的切入点，他就拥有了选择的自由度——可以选择最容易让对方了解的点，切入说明。

MECE 的切入点大致分为两类（参见图3-5）。第一类，是指年龄、性别等要素可以完全分解的切入点。例如，针对自家公司的个人客户，按照居住区域、有无随住人员、乘坐何种交通工具来店等加以划分。第二类，是便于读者直接使用的既有切入点（不能百分百保证未重复、未遗漏），只要抓住这些要点，就能确保没有严重的重

情形 1	情形 2
可以完全分解集合中的要素	尽管无法证明绝对不存在重复、遗漏，但抓住以下要点，能确保没有严重的重复、遗漏

- 年龄
- 性别
- 地区
- ·
- ·
- ·

- 3C/4C
- 4P 营销
- 7S 模型
- 效率 / 效果
- 质 / 量
- 事实 / 判断
- 短期 / 中期 / 长期
- 过去 / 现在 / 未来
- 业务体系
- ·
- ·
- ·

图 3-5　MECE 的种类

复、遗漏问题。本篇后文将介绍代表性案例。我们首先请读者记住的是，MECE 拥有这样的"切入点"，使用它们能帮助你更好地整理、分析商业上的复杂内容。希望读者一定多加尝试。

在一个组织里待得过久，整理和分析事物时就容易陷入同一种思维切入模式，提及客户就按照法人和个人、年代和男女划分，提及产品便通过类别划分。还有人想当然地认为应当以职业划分。但很少有人认真想过：按职业划分客户类型的难度实在难以预料。近来，行业界限越发模糊，出现的很多新兴企业无法被归类到制造业或服务业等传统行业之中。再比如，在购物时须填写的顾客资料卡职业一栏中，我们经常看到的是，职业被区分为管理者、专业人员、医生、护士等。那么，管理年轻医生的外科部长即从事行政工作的医生，是归入医生一栏，还是归入管理者一栏？或者考虑到医生这一职业的专业性，是否该将其归入专业人员一栏？虽然我们不知道顾客资料卡的用途，但仔细思考可知，其中不仅存在着信息重复，实际上还混杂了不同维度的内容。

除此之外，在某些行业或企业中，大家惯用的分析切入点已经成为只有业内人员才懂的符号，外部人员难以理解。前几日，笔者在某城市银行的研修班上，给出了一道 MECE 的练习题："请试着说明，该如何向毫无金融产品知识的客户介绍世界上所有的金融产品？"这道练习题既不是以银行自营的金融产品为集合，也不面向日常业务往来频繁的机构，而是站在客户视角，做出让客户简明易懂的说明。虽然参加研修的人员具备专业知识，但始终找不到切入点，因此全部蒙掉，闭口不言。可以说，越是经常接触的、自认为简单的内容，越是难以把整体情况简明易懂地展示给对方。

运用 MECE 整理问题时，笔者希望读者不再依赖那些司空见惯的切入点，尽可能多掌握一些 MECE 切入点，这就意味着你在说服对方时拥有更多的自由度。不仅如此，独特的 MECE 切入点还能赋予传达方自身观察问题的新鲜视角，并刺激创造性思维的生成。

几种便于直接使用的 MECE 框架

3C / 4C

所谓 3C 或 4C，是指当以某企业或行业现状为集合时，只要抓住 3 个或 4 个以 C 打头的要素，就能基本涵盖整体情况。具体而言，

```
           渠道
          Channel


      消费者/市场
       Customer


  公司              竞争对手
 Company          Competitors
```

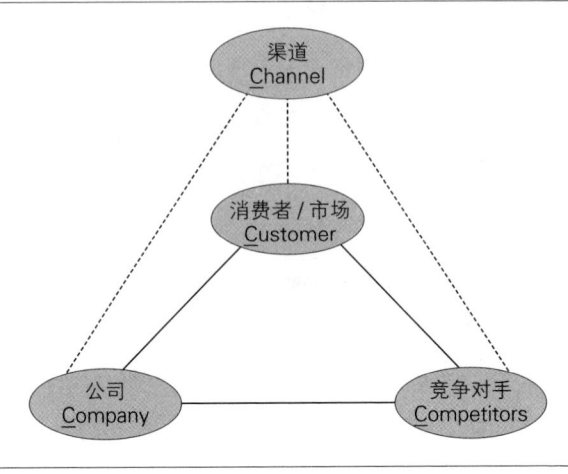

图 3-6　3C（4C）的概念

3C 是指顾客/市场（Customer）、竞争对手（Competitor）、公司（Company），4C 则再加上渠道（Channel）。了解市场和顾客的状况，再掌握竞争对手以及自家公司的实际情况，就能基本把握行业的整体现状，而个别行业或业态是由批发商和代理商等渠道占据业务关键节点，这时需要再去了解渠道状况。

3C/4C 是分析行业及企业现状时的必备切入点之一。例如，你接到一个课题，需要说明自己所属分公司的现状。只分析分公司的内部情况，再与竞争对手作比较显然远远不够。要想通过 MECE 分析公司的现状，必须涵盖以下四个要素：首先，说明市场动向、顾客动向，如自家公司的商圈状况等；其次，阐述同一商圈内竞争对手的竞争策略及现状；再者，说明自家公司的业绩、业务能力以及组织现状；最后，如果你们是一家使用代理渠道的企业，还须说明渠道状态。只要抓住上述四个要素，就基本可以做到不遗漏、不重复地掌握分公司的现状。

4P

在设定某一类顾客群时,如果涉及具体的市场营销问题,如适用哪类产品、如何销售等,则需要运用4P原理。只要掌握4P,基本就不会遗漏市场营销的重点。所谓4P,是指针对目标客户进行的四大营销组合策略。具体包括:哪种特性的产品(Product)、确定什么价格(Price)、采用哪种渠道(Place)、应用哪种促销策略(Promotion)。重点在于,4P要始终保持与目标客户的一致性。

Product(产品)

Price(价格)

Place(渠道)

Promotion(促销)

图 3-7　市场营销 4P 理论

例如,可想象以下场景:公司正在开发面向富裕阶层的旅行产品,由你向销售部门人员说明产品的市场营销手法。在明确目标客户之后,你提出:"客户属性决定产品特性和定价。向富裕阶层介绍、寄送产品的执行方,正是你们这支优秀的直销团队。我们给出的促销策划方案是,请客户在酒店品尝实地旅游时才能吃到的当地食物。"听到这话的销售人员,一边在脑海中搜索合适的目标客户,一边想：“这款产品感觉很棒，价格也在客户的接受区间内，而且这次不是网络销售和店面直销，正是我们团队大展拳脚的时候。这个营销方案在酒店的促销活中将起决定性作用，必须予以高度重视。"销售人员接收、联想的信息与你的说明连贯且一致，因此，他们对此是可以理解的。

流程/步骤

按照从起点到终点的步骤及流程把握事物，也是行之有效的MECE切入点。对于事物生成之前的全流程，既可按过程、步骤划分，也可按过去、现在、未来，短期、中期、长期等时间轴划分。例如，假设你需要整理关于"如何向顾客扩销公司产品"的回答。我们以顾客购买产品的行为作为终点，一个较好的方法是首先整理顾客购买产品所经历的各个步骤，然后再根据各步骤总结扩销政策。顾客购买产品的具体流程请参照图3-8的上半部分。

在流程/步骤的切入点中，较为典型的是业务系统和价值传递系统（参见图3-8下半部分）。

所谓业务系统，是指以企业开发产品及服务并投入市场为终点，

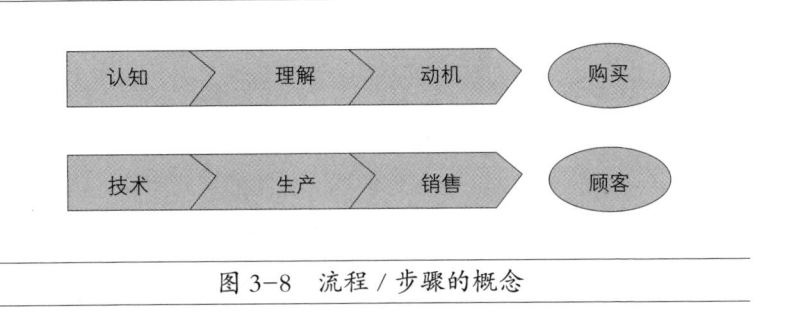

图3-8 流程/步骤的概念

按照策划、研发、生产、销售等功能和业务，对企业内部的必要活动加以整理的过程。当然，在不同行业或同行业的不同企业之间，业务系统也有所区别。假设你把自己的工作看作一个整体，并运用流程、步骤方法加以整理，那么就能得出个人工作的业务系统。当该集合的对象是整个行业而非单个企业时，其运作流程和步骤的整理结果便是人们常说的产业链。

阅读经管类书籍，我们时常能看到价值传递系统。它对企业活动的定义是：使顾客享受某种价值。实现这种价值的流程基于三个步骤：第一，"价值选择"决定传递哪种价值；第二，"价值创造"将价值化为有形的实际产品和无形的服务；第三，"价值传递"将价值传送到顾客手中并使其具象化。每个步骤都须分析其必要的业务、功能以及过程。

效率/效果、质/量

假设公司针对改善事务性工作这一主题出台了各项策略，但判断策略是否有效和妥当的标准，往往都放在了效率问题上。可实际情况却是，无论工作多有效率，如果服务态度恶劣、导致客户前来投诉，那么"改善"就毫无意义。因而在考虑"效率"时，还应当考虑它的另一面，即"效果"。请读者牢记，"效率"和"效果"是一组不可分割的概念。

"质"和"量"的关系与此类似。对于运动员的训练和饮食，量自不必多言，质也至关重要。而对本书的主题——沟通而言，所传达信息的质和量也是重要的切入点。说到信息，既不是量越多越好，也不是内容高大上就好。要权衡考虑问题和对方，还需要把握适度的质和量，这样你才能成为一个优秀的沟通者。质和量也是一组紧密联系的概念。

事实 / 判断

MECE 的另一种分析切入点是事实以及判断。事实是任何人都无法反驳的客观存在，判断是因人而异的主观想法。在这种思考模式下，尽管也无法证明没有遗漏、重复，但正如本书第二章"对方认为论据难以理解的几种模式"所示，分不清事实和判断的原因在于，原本应该作为 MECE 的客观事实与主观之间的界限模糊不清。

综上所述，如果掌握多个 MECE 切入点，就可以运用这样或那样的方式展示自己的结论。例如，你需要说明竞争对手的事业发展现状。假设你的结论是"竞争对手的 ×× 事业正如日中天"，那么你将从什么角度来传达竞争对手的事业正蓬勃发展，并让接收方信服？

当以"竞争对手 ×× 事业的发展现状"为集合时，4C 是一种切入点，包括市场、竞争对手、竞争对手以外的企业以及渠道。另一种方式是：既然提到蓬勃发展，那么就以业绩为着眼点，按照收益等式 [收益 =（价格 – 成本）× 数量] 的各个项目展开分析说明。还可以把 ×× 事业分解为业务系统或价值传递系统，从各功能或各系统具有的优势出发加以分析。

关于 MECE 的切入点，既可借鉴已知的方法，也可根据需要自己创制。题材也是多种多样，随处可见。初学时，请读者从运用 MECE 整理自己的工作开始练习。

2. 分组——运用 MECE 整理信息

所谓分组（Grouping），是指从零乱的信息中找出 MECE 切入点，划分若干小组，以便更好地掌握事物的整体情况。你是否也经常苦恼，明明已经搜集了有望能支持结论的论据，却不知该如何整理？这时，分组将发挥威力，高效地厘清信息。

具体操作过程分三步。首先，请试着把手边能够支撑结论的材料全部筛选出来。紧接着，为了说明问题的答案即结论，要有意识地寻找简明易懂、具有意义的 MECE 切入点，并按照各切入点整理信息。然后，将这些杂乱的信息划分为数个小组。

其次，观察每个小组的具体信息，找出分组特征，并给分组定标题。当无法顺利为分组命名时，极可能是其中混杂了类别不同的

> 筛选手边的材料和想说的内容，针对结论找到 MECE 的论据、方法等切入点并划分小组，从而使整体结构更易于掌握。

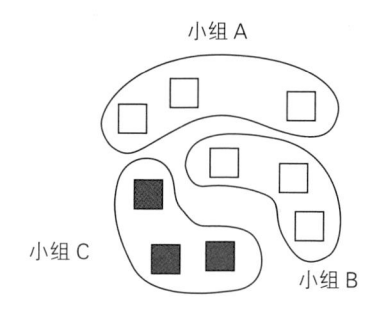

存在若干共通项，便可归纳为 MECE。

例如：
- 市场、竞争对手、公司
- 研发、生产、销售
- 地方、城市

切入点通常不止一个。作为支撑结论的论据及方法，切入点的重要性不言而喻，请选择你认为最适合的切入点。

图 3-9　分组

内容。此时，可再次审视每条信息并重新整理，或更换 MECE 切入点。

最后，集齐全部小组的标题，给出问题的答案，展示答案全貌，并再次确认无重大遗漏、重复、离题。这就是分组（参见图 3-9）。

分组的目的：制定不遗漏、不重复、不离题的子集

分组需要注意的是，并非对手边要素简单分组、确保不遗漏不重复即可，那只能算是单纯的信息分类。

观察各组信息并给每组添加名字（标题），之后把所有小组的标题合在一起，就是将整体划分为 MECE 的结果。在用某一个 MECE 切入点时，一旦出现信息可以同时并入两个及两个以上的小组，如果无法归入任何一组，就表明切入点选择错误。此时，可尝试选用其他 MECE 切入点。

相反，也可能出现以下情形：你已经想好从某个点切入说明并收集了资料，可分组之后却发现了意想不到的漏洞。

假设此处有 10 项信息，若将其分为：①市场信息，②竞争对手信息，③产品信息。试问，这称得上分组吗？

答案是否定的。当我们以业务为集合时，市场、竞争对手、产品这三项要素即 3C 可以称为 MECE，但在市场、竞争对手、产品这三者中，产品有问题。世间的产品都能被归类为是竞争对手的产品还是自家公司的产品，如此一来，②和③就出现了重复项。除此之外，这里还缺少一个用来整理非产品信息的小组。因此，重点在于各小组之间是否具备 MECE 关系，而非单纯地将手头信息进行分类。

在实际商业场合，只有极少时候能将纷繁杂乱的信息划分为令人一目了然的 MECE；更多时候，人们总是疑惑信息究竟应该放入哪个小组。事实上，分组的目的在绝大多数情形下不是为了严谨无误的信息分类，而是通过大致归纳信息和添加标题，使人更容易认清事物的整体情况。一言以蔽之，明确表示子集及其组成的集合，才是分组的意义所在。

分组与 MECE 情况相同，身边能拿来练手的资料数不胜数，而随着不断练习，速度和精度也会得到提升。初学时，请读者从当天报纸的电视节目栏开始练习。

> 专栏

分组的注意事项

当出现以下情形："某人以 A、B 为 MECE 切入点，将整体划分为两部分进行说明。整体要素共计 10 项，划分结果是 A 为 1、B 占 9，分布极不均衡"，这样的 MECE 还能带来有效沟通吗？

令人遗憾的是，这一切入点虽属于 MECE，但对接收方而言，意义乏善可陈（当然，目的在于突出对比，或为表明这一划分方法无意义时，则另当别论）。上述划分方法只是把 10 项要素简单整理为两个小组，若想让对方理解，还必须对包含 9 项要素的 B 组进行细分。

如上所述，站在整理、分类的角度，可能是正确的 MECE。但若想让对方理解你的结论，还要思考，作为切入点它是否合适。

极端的分组就是"那个"和"那个之外"。但绝大多数时候，如果不进一步对"那个之外"加以整理就失去了分析的意义。请读者牢记，让对方理解你的结论，更简明易懂地呈现整体概念，才是分组的目的所在。

集中练习 1

1 MECE 强化训练

我们练习一下如何做才能将某概念归纳为由不重复、不遗漏、不离题的若干子集构成的集合。

例题

某一天,总务部部长找你谈了以下内容:

"近来,自动贩卖机销售的饮料种类越来越多,我们招待客户的饮料也常从自动贩卖机购买。我打算在新的办公大楼里添置一台让大家满意的自动贩卖机,既让客户有面子,还能提高员工的工作效率。希望你介绍一下目前自动贩卖机销售的饮料类型,以便我获得整体概念。"

市场上的饮料自动贩卖机数量庞大,销售的产品也多种多样。如果是你,会选择怎样的切入点,把自动贩卖机销售的饮料整理成 MECE?

思路与案例解析

第一步 确认问题(集合)

一切始于确认问题。此处问题为"从自动贩卖机能买到的饮料为整体,如何将其整理为 MECE?",集合为从自动贩卖机能买到的饮料。而你需要找寻切入点,将集合划分为不遗漏、不重复的

MECE 子集。

还有一点也至关重要：整理 MECE、传达信息，都是为了回答对方提出的问题，满足对方的目的。现在，总务部部长设想了各种各样的场景，如提振员工士气、招待来客等，那么到底应该在新办公大楼放置哪种自动贩卖机？他之所以把问题抛给你，是为了获得启示——请读者一定要将这点牢记在脑海里。

第二步　寻找 MECE 的切入点

仔细观察问题，分解问题的构成要素，并针对具体要素思考 MECE 切入点，以下方法最为高效：

首先，把"从自动贩卖机能买到的饮料"这一问题，分解为"自动贩卖机""购买""饮料"，再将这三个要素分别作为一个概念，尝试找寻它们各自的切入点。如果有符合条件的切入点，再确认它是否也能成为"从自动贩卖机能买到的饮料"这一整体问题的 MECE 切入点。具体思路如下文所示：

① 运用 MECE 分析"自动贩卖机"的案例解析……你可能想到的要素包括："饮料都来自哪些厂家""机器放置在哪里""能买到多少种产品""能否根据个人口味选择味道"。于是，我们可做出如下整理：

- 按厂家 ┬ 可口可乐
　　　　 ├ 三得利
　　　　 └ 麒麟
　　　　　⋮

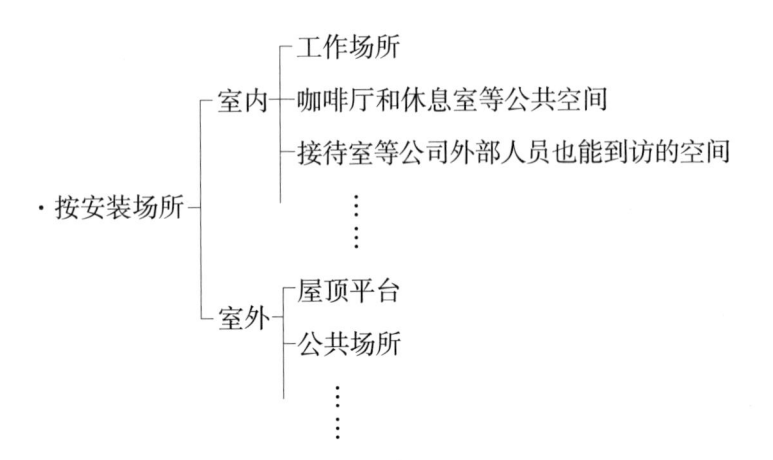

- 按安装场所
  - 室内
    - 工作场所
    - 咖啡厅和休息室等公共空间
    - 接待室等公司外部人员也能到访的空间
    - ⋮
  - 室外
    - 屋顶平台
    - 公共场所
    - ⋮

② 运用 MECE 分析"购买"的案例解析……谈到购买，从"多少钱能购买"或者"为什么要购买"等观点出发，可得出以下切入点。

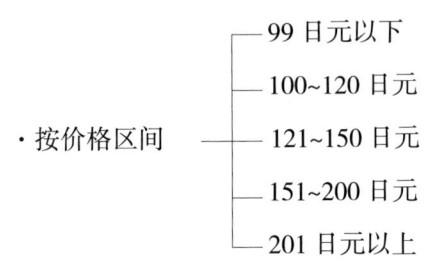

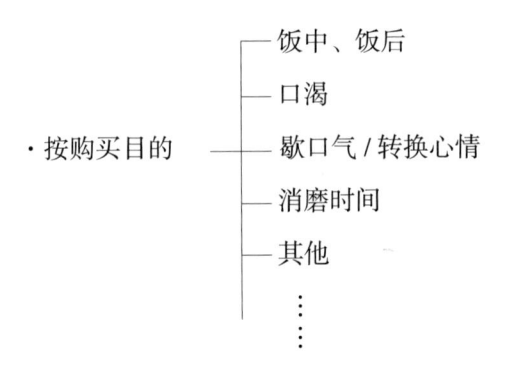

- 按价格区间
  - 99 日元以下
  - 100~120 日元
  - 121~150 日元
  - 151~200 日元
  - 201 日元以上

- 按购买目的
  - 饭中、饭后
  - 口渴
  - 歇口气 / 转换心情
  - 消磨时间
  - 其他
  - ⋮

> **确认!** 当有人要求你对自动贩卖机销售的饮料进行分类，如果你选择以购买目的为切入点，实际很难操作。我们以茶为例，它既可以在吃饭时喝，也可以在口渴时喝，这样势必会产生重复项，因此它不属于严格意义上的 MECE 分析。但考虑到总务部部长的目的是得到关于在新办公大楼设置自动贩卖机的启示，那么按目的区分的切入点或许会对他大有帮助。在严谨性上虽有所欠缺，但于对方而言，这是有价值的 MECE。

③ 运用 MECE 分析"饮料"本身的案例解析……可思考得出"多少毫升""使用哪种容器"等切入点。针对减肥的人，"含多少卡路里"也是一个不错的切入点。根据饮料的季节性，还可得出"全年都可饮用""只在特定季节饮用"的切入点。

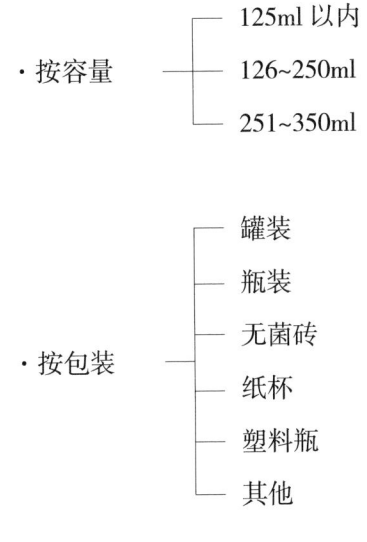

- 按容量
  - 125ml 以内
  - 126~250ml
  - 251~350ml

- 按包装
  - 罐装
  - 瓶装
  - 无菌砖
  - 纸杯
  - 塑料瓶
  - 其他

- 按温度 ─┬─ 热饮
         ├─ 冷饮
         ├─ 常温
         └─ 其他

- 按成分 ─┬─ 含酒精
         └─ 不含酒精

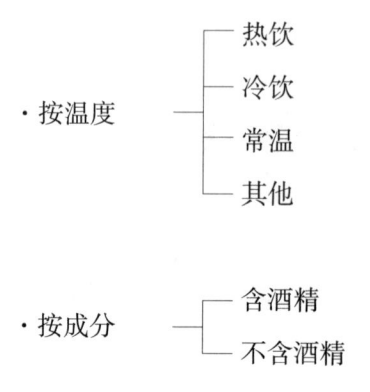

|确认!| 当你百般思考也找不到 MECE 的切入点时，还可考虑以下方法。

救急之策 1

　　首先找出构成集合的任一子集的特征，再思考与该特征相对的概念是什么，以此推断该子集之外还有哪些子集。由于"A"和"A以外"永远都是 MECE，因此可以先确定"A"，再思考"A以外"该如何进一步划分。一旦"A以外"无法拆分，则须注意，切入点可能存在问题。

救急之策 2

　　列举你能想到的所有要素，对内容进行分组，找出切入点。这是最容易操作的方法，同时也是容易出现遗漏、重复的低效方法。笔者希望读者不到最后关头，千万不要使用。

|确认!| 检查切入点的定义是否明确，各人的解读是否存在分歧。

例如，假设我们制定了运动饮料这一概念范畴。以某产品为例，如果人们在判断它是否为运动饮料时意见不一，则表明你在向对方传达想法时的 MECE 切入点是不恰当的。这时，有必要界定运动饮料的内涵。

|确认!| 例如，当找到"饮料成分"这一切入点时，你脑海中可能浮现数不清的要素项，诸如是否含维生素 C、是否含钙等。这时，笔者希望读者时刻不忘目的是"回答对方的问题"。是否含维生素 C、是否含钙确实是 MECE 的切入点，但它无法解决总务部部长当下的问题。

在成分分解层面上，至少应该思考含酒精、不含酒精、茶饮、含咖啡因饮料、果汁饮料、含乳饮料等具有意义的要素项。

问题 1

世界上有各种"便当"，且品种在不断增多。如果以"世界上的便当"为整体，你会如何整理？请尝试运用 MECE 模式，进行实操训练。

|提示| 1　假设——列举，海苔便当、三文鱼便当……恐怕你离给出答案的距离还很遥远。便当只能买吗？且只能自己去买吗？

|提示| 2　假如进一步对"买来的便当"进行分解，应该关注哪些要素？是着眼于"便当"自身的某些特点，还是将"买"这一动作通过 5W1H 进行分解？

问题 2

近来，电视节目呈飞跃式增长。请试用 MECE 分析现有的电视节目。

提示 关注电视节目的哪个点？电视台？播出时段？种类？

问题 3

该如何认识"面向顾客的营销活动"？不管你所在的企业实际是否开展该项活动，理论上该如何做？请尝试运用 MECE 模式，进行实操训练。

提示 首先将"面向顾客的营销活动"分解为"顾客"和"营销活动"，接着用 MECE 法分析二者，之后运用 5W1H 即"针对谁？做什么？在哪里？"等展开思考，最终可得出约 10 个关于营销活动的切入点。

问题 4

试想，你要向完全不了解自家公司的人介绍公司向顾客提供的服务，如何整理才能令听者简明易懂？请尝试运用 MECE 模式，进行实操训练。

| 提示 | 集合是企业向顾客提供的服务,换言之,是"客户可接收的服务(价值)"。请注意,绝对不是公司正开展的"业务"。|

问题 5

如何向外行介绍你工作的整体情况?请尝试运用 MECE 模式,进行实操训练。

| 提示 | 你关注自己工作的哪些部分?工作性质?种类?竞争对手?此外,站在外行的立场观察时,该切入点便于让对方看清你工作的全貌吗?|

2 分组强化训练

请尝试运用 MECE 分析法,对明显缺乏排列逻辑的信息加以分组,以便让人更容易了解整体情况。

例题

阿尔法银行各分行内部设有倾听顾客声音的意见收集箱。本月,你所在的分行收到以下意见。假设由你负责,你会如何整理?请尝试用 MECE 进行分组。

1. 大堂经理精气神十足,让人心情愉悦。
2. 放置的杂志过于陈旧。
3. 银行窗口女办事员的说明非常准确。
4. 银行窗口少,每次咨询都要等待。
5. 银行的沙发脏。
6. 吉祥物特别可爱。
7. 银行产品缺乏特色。
8. ATM 机太古老。
9. 每次电话转接都要长时间等待。
10. ATM 候时短,业务很快就能办理完毕。
11. 停车场车位足,较为方便。
12. 吉祥物的衍生品太少。
13. 即使开了户,也收不到来自银行的任何理财建议。
14. 工作人员的口头禅是:这件事情必须咨询总行。
15. 工作人员提供的表格不齐全,总是无法一次性解决问题。

思路与案例解析

第一步　确认问题（集合）

问题为"如何整理分行收到的客户意见"，集合即上述方框内的 15 条信息。

第二步　寻找 MECE 的切入点

首先联想合适的 MECE 切入点，而不是一上来就对各条信息盲目分类。具体到此案例，是从"分行收到的客户声音"出发，找寻 MECE 切入点。

①初级解析

针对分行现状，如果你脑海中能浮现出"表扬""批评""满意""不满意"等切入点，就足以表明 MECE 已经牢牢扎根在你的大脑之中了。思考 MECE 的切入点时，不要被各条信息的具象表达牵走注意力，应多考虑汇总这些信息的目的何在。这一案例的目的是从客户反馈的信息中获取改善服务的启示。于是，可以把信息分为：

　　┌─ 满　意：1、3、6、10、11
　　└─ 不满意：2、4、5、7、8、9、12、13、14、15

这样，就在不遗漏、不重叠的前提下，对 15 条信息进行了分组。

确认！ 假设你想到的切入点是"对现状的评价"和"对未来的要

求及建议"。从概念而言，它们确实属于MECE。可上述15条客户声音均是对现状的评价，没有一条属于"对未来的要求及建议"。在这种情况下，即使切入点本身是MECE，但它也并不适宜作为分组的切入点。

第三步　思考能否进一步细化大分组

现实情况是回答不满意的数量明显更多，但目前的分类难以令人对顾客的不满形成整体概念。为此，我们应考虑，能否进一步细分不满意的信息。具体可分为以下两组：

不满意 ─┬─ 停车场和ATM等硬件相关：2、4、5、8
　　　　└─ 工作人员的应对及银行产品等软件相关：7、9、12、13、14、15

②中级解析

部分读者脑海中最初浮现的MECE切入点并非满意和不满意，而是硬件和软件。在上例中，硬件所含要素包括杂志、停车场等选项，虽然它们都属于硬件，但各自特征截然不同。为此，我们进一步对硬件和软件做了细分。结果如下：

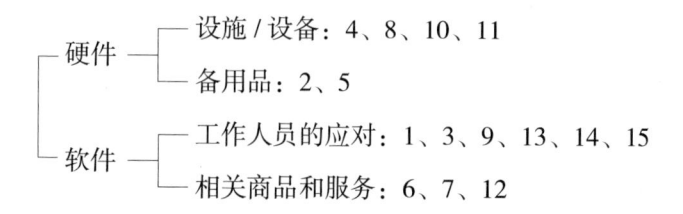

┬─ 硬件 ─┬─ 设施/设备：4、8、10、11
│   └─ 备用品：2、5
└─ 软件 ─┬─ 工作人员的应对：1、3、9、13、14、15
         └─ 相关商品和服务：6、7、12

你或许会产生疑问：设施/设备、备用品真的符合MECE吗？商品都属于软件吗？请读者务必记住，目的是让对方更容易捕捉整体情况。比起细究设施/设备、备用品是否属于严格意义上的MECE，还不如只做到让对方和你一样清楚——硬件所含要素可根据其规模以及所需成本划分为大、中、小三类，而这就达到了沟通的目的。

第四步　确认是否遗漏、重复

再次观察分组，确认信息是否重复、遗漏。当切入点本身已经符合MECE时，则须确认MECE小组是否包含过多的要素数量。

③高级解析

"客户的声音"若不用于改进工作，就失去了意义。在这一前提下，整理来自客户的不满，本身就是一种切入点。由此，我们能找出的切入点包括改善工作的实施"主体"以及"难易度"等。思路如下：

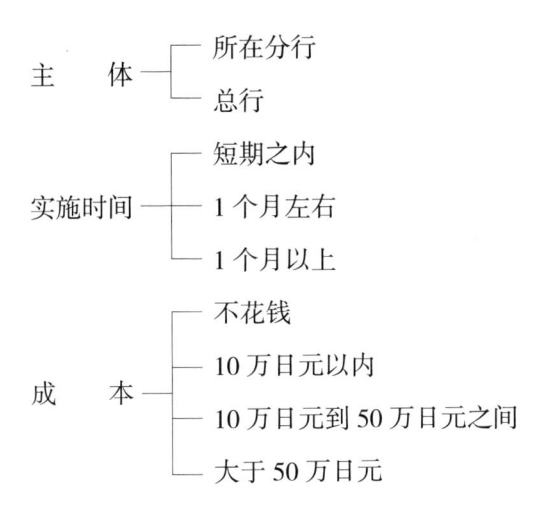

```
主　　体 ┬─ 所在分行
        └─ 总行

实施时间 ┬─ 短期之内
        ├─ 1个月左右
        └─ 1个月以上

成　　本 ┬─ 不花钱
        ├─ 10万日元以内
        ├─ 10万日元到50万日元之间
        └─ 大于50万日元
```

上述切入点是为下一步行动即如何改善工作而做的整理，便于在商业场合使用，因此是良好的切入点。

|确认!| 当你无论如何都找不到 MECE 切入点时，可尝试先归纳具备共同特征的要素，再对生成的各小组添加组名（标题）。以此为提示寻找 MECE 切入点，也不失为一种做法，但要检查所有组名的合集能否构成 MECE。

|问题| 1

以下是某单身男性月收入的用途，请将其列举的支出明细分组。

〈月薪明细〉
　　租金、固定开支、相亲俱乐部的会费、旅游、员工食堂的餐券、理发费用、燃气费、停车费、小费、餐饮费用、人际交往花费、相亲费用、人寿保险、车险、定期存款、公司存款、书费、英语口语学校的每月学费

|提示| 切记不要被开支项目夺去所有的注意力。思考各支出项目的用途和特征，有助于你找到明显的切入点。例如，这当中既有每月固定支出的等额费用，也有金额上下浮动的费用。

问题 2

以下是针对"狗粮行业的现状"这一主题所收集来的信息。该如何分组?

〈狗粮行业的现状〉

1. 狗主人重视狗粮成分,对使用化学添加物和防腐剂的商品评价低。
2. 兽药厂家接连推出主打维持宠物狗健康的商品,相应产品数量是3年前的5倍。
3. 本公司去年取得专利的配方饲料,具备促进新陈代谢的效果。目前,它已成功吸引了广大专家的注意,宠物杂志等也开始介绍这款饲料。
4. 部分医用材料制造厂商专门经营面向宠物医院的治疗饮食,但不采用一般渠道进行批发。
5. 目前,宠物用品制造商生产的狗粮味道单一,宠物狗容易吃厌,令狗主人大为不满。由于难以形成差异化,导致价格竞争愈演愈烈。
6. 一直以来,本公司在宠物食品市场上属于良心品牌,再加上价格适度,因而备受好评。此外,我们的价格竞争力也很强。
7. 动物饲料生产商方面,目前有一家公司推出了预防宠物狗肥胖的狗粮,但它与普通狗粮一样被放在量贩店内销售,并未利用它作为健康食品的优势开展差异化营销。
8. 最近数年,养宠物狗的人数激增。越来越多的狗主人不把狗视为动物,而是当作家庭成员的一分子。花费在宠物身上的费用也是逐年递增。
9. 近期,本公司主打苗条和健康,正向市场投放抑制卡路里的狗粮。
10. 从宠物狗是家庭成员的角度出发,越来越多的狗主人希望尽可能给宠物狗提供美味、健康、品种丰富的饮食。让宠物狗每天食用不同狗粮的狗主人人数,已经是5年前的4倍。
11. 虽然狗粮的品种逐年增加,但狗主人依然是通过同好推荐来试用各种商品,不存在某种商品具有明显突出的销售额。

|提示| 请思考,当以业务现状为集合时,MECE切入点是什么?

问题 3

开始正式就职于食品公司意大利面酱业务部的你,第一时间向上司提出想阅读部门内部资料。领导回答道:"希望你先了解部门的新产品原味肉酱。鉴于分析资料众多,你可以先浏览下面的图表标题,再告诉我你认为必要的资料。"方框内有哪些资料?读者可以通过分组掌握整体情况。这次没有提示,请尝试自行分组。

〈新产品原味肉酱相关资料一览表〉
资料1: 意大利面和意大利面酱市场规模的变化趋势
资料2: 竞争对手B公司的销售额变化趋势及其背景
资料3: 原味肉酱的商品概念
资料4: 意大利面酱的消费人群的变化趋势
资料5: 原味肉酱的经营渠道
资料6: 竞争对手A公司的意大利面酱销售额变化趋势
资料7: 意大利面酱的包装和销售渠道的变化趋势
资料8: 本公司低价格区间产品与竞品的价格比较
资料9: 竞争对手C公司丹尼奥全系列产品的现状
资料10: 原味肉酱的促销活动

第四章　消除"答案"的不连贯

在阐述自己的结论时，我们常常极其自然地使用"由此""因此""如此"等词语。此时，如果运用常识性思维稍加思考，就会发现"由此""因此""如此"等词语前后的语句不存在关联性，就会让人感觉到话题的不连贯性和非逻辑性。一旦出现这类问题，它或者会阻断对方的理解，或者在传达方和接收方均未注意到离题的情况下，话题已然在沿着"错误的方向"行进。

"由此""因此""如此"等前后的话题须连贯，便于对方理解传达方意欲表达的结论与论据、结论与方法之间的关联。这一点的重要性是不言而喻的。So What / Why So 正是为此而生的技术。

1. So What / Why So：消除不连贯的技巧

所谓 So What，是从手头的信息和材料中提炼出"究竟是什么"的作业。换而言之，它是从"由此""因此""如此"之前所述信息和材料中，针对要解答的问题，提炼出重要的精华内容。紧跟"由此""因此""如此"之后所陈述的事实，是对接续词之前所列信息询问 So What 得出的结果。

> So What：提炼型作业，是从手中持有的全部材料或已分组的内容中，对照提问，提炼精华内容。
> Why So：验证型作业，验证手里的全部材料或已分组的要素，能否证明 So What 内容的合理性。

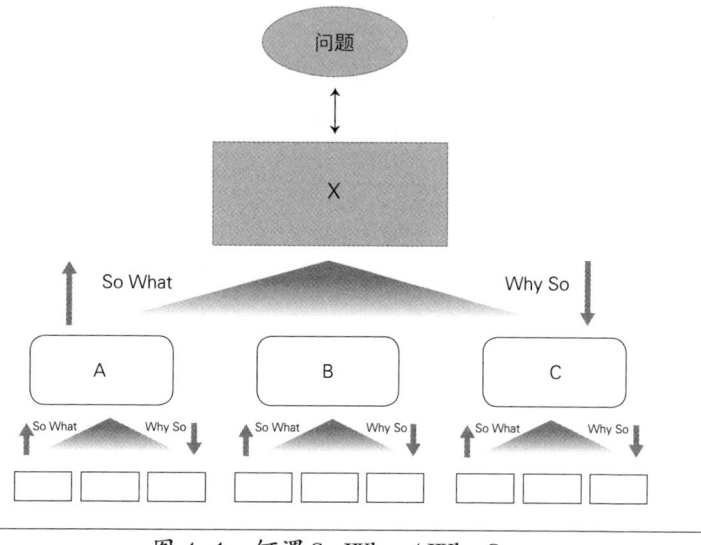

图 4-1 何谓 So What / Why So

关键在于，一旦有人针对 So What 的内容提出"为什么得出此结论"的疑问，你必须能够依据手中的信息和材料，给予准确的说明。而验证、确认、不断追问"为什么得出此结论""具体而言，是指什么"，则属于 Why So 的程序内容。以图 4-1 为例，一方面对信息 A、B、C 进行 So What 处理得到的是 X，另一方面若针对 X 追问 Why So，则 A、B、C 又是问题的答案。换言之，建立互为表里的关系，是消除话题不连贯的秘诀。倘若结论与论据、结论与方法、论据与方法当中存在若干维度，则各维度之间都必须满足这种关系。

（单位：亿日元）

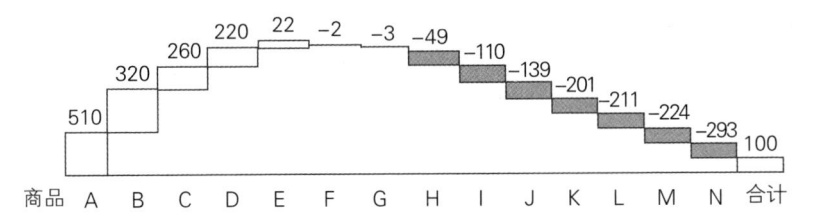

```
         220  22  -2  -3 -49
     260 ┌──┐┌──┐         -110
   320 ┌─┘         ┌──┐       -139
 ┌───┐                 ┌──┐       -201 -211
510                          ┌──┐      -224
┌──┐                              ┌──┐ -293
                                        ┌──┐ 100
商品 A  B  C  D  E  F  G  H  I  J  K  L  M  N  合计
```

图 4-2　本公司各商品的营业额

So What / Why So 的逻辑沟通技术，不仅适用于结论与论据等诸如作答要素之间的关系，也可应用于一幅图或一篇文章。下面通过一幅简易图来体会 So What / Why So。观察图 4-2，思考 So What，即从中可得出哪些结论？一般的说明模式是："从该图可得〇〇。"当针对 So What 的内容追问 Why So 时（真能得出该结论吗？），是否能够根据简易图予以准确解答是异常重要的。请思考下面两点内容。

- 全部14种商品中，只有5种收益上涨，其余9种均为赤字。
- 由于 K、L、M、N 消耗了 A、B、C、D 4 种商品 70% 的所得收益，因此最终只有 100 亿日元的收益涨幅。

当被问及为何得出该结论时，借由简易图可以解释 Why So，因此以上两点是正确的 So What 结果。接下来，请判断以下内容是否正确？

- 由 C 商品弥补 J 商品的收益跌幅。
- 为提高本公司收益，应该从赤字高于 100 亿日元的商品领域撤出，主要针对 4 种高收益商品开展业务。

若围绕上述结论追问 Why So，这张图能有效证明结论的合理性吗？首先，让我们观察前者。C 商品的收益确实大于 J 商品的亏损，但图形并未表明由 C 覆盖 J 的亏损。其次，关于后者，考虑到占比高达 65% 的亏损商品蚕食了来之不易的收益，的确应当从赤字商品领域撤出。但根据这张图的信息，我们无法判断是否应该撤出，以及撤出的标准为何是亏损 100 亿日元？总之，仅凭这张图，我们无法解释上述两点的 Why So，因此一是 So What / Why So 的关系不成立，二是两者都不是 So What 后的正确结果。

读者也许认为，绝不会有如此愚蠢的事情。但是，上述案例的确是某企业业务资料中真实存在的内容（数据纯属虚构）。

无论是书面文件抑或口头汇报，一旦出现仅靠提示信息无法解释 Why So 的情况，那么对接收方而言，这就是一场极其难以理解、话题前后不连贯的沟通。在说明的过程中，如果你说出"尽管这部分欠缺符合条件的资料……""综合考虑此处未提到的某类型数据……"时，就要保持警惕。因为它会造成两种情形：第一，接收方以提示材料为基础，排列、组合材料，拼命进行 So What 作业，但却无法得出你给的结论；第二，为了理解你的结论，接收方数次验证 Why So，但始终无法得到合理的解释。

养成 So What / Why So 的分析习惯

一般来说，学会基本的切入点类型，再逐渐增加新的类型，就会慢慢掌握 MECE 的分析技巧。但是，So What / Why So 属于完全意义上的大脑作业，并非记住某些特定类型就能掌握。要想熟练使用这项技术，还须养成日常思考的习惯："总之，由此可得出哪些结论""总之，目前所述的重点是什么"。

"客户打来电话……"面对部下的啰里啰唆，想必不少人都曾反问："总之，客户到底说了什么？"一被反问就哑口无言的部下让人大伤脑筋，然而更恶劣的情况是，"总之"之后的总结本身就不正确。

鉴于下属回答"总之，是这么一回事"，你相信了他的回答，跟客户接洽后却发现，彼此之间的认识存在分歧。经反复确认后查明，下属所说的"总之"偏离了洽谈内容。因此，So What 之后，一定要通过 Why So 加以确认。在商业场合，这是重要的习惯。此外，很多中层管理人员感慨"部下领会能力差""部下理解不了"，但正是这部分人，只把上司交代的事情原封不动地转给部下，既无法自行追问 So What，又经常下达欠缺 Why So 的指示。中层管理人员在组织中处于信息传达的重要节点，其 So What / Why So 的能力基本决定了组织内部的沟通能力。

在阅读资料和听取信息时，领会快的人大多能够快速准确地提取要点。他们是能够把握"总之，那是怎么一回事"的一类人，具备较高的 So What 分析能力。

阅读报纸和杂志是练习 So What / Why So 的绝佳机会。请广大读者一定有意识地勤加练习。

2. So What / Why So 的两种类型

第一类是"观察型"So What / Why So，用于正确说明现象和事实重点；第二类是"洞察型"So What / Why So，用于根据已有现象和事实，刻画共同点和机制。

> **专栏**
>
> ### So What / Why So——切忌"心有灵犀"
>
> 请观察下图，针对外资零售业进驻日本市场的情况，思考可以对哪些内容进行 So What 处理。这时，一般的说明模式是："从下图可得〇〇。"对于进行 So What 后获得的信息，若追问 Why So——果真如此吗（为什么如此）？——此时的关键在于依据该图能否准确说明这些信息的合理性。
>
> 下图的 So What 不止一项，具体结果如下。
>
> - 20世纪90年代以后，在进驻日本的主要外资零售业中，美国企业占近80%。
> - 1999年下半年以后，欧洲企业陆续大举进入日本市场。
> - 20世纪90年代，约半数外资零售业的进驻时间集中在1999年和2000年。
> - 截至1997年年底，行业还大多局限于户外用品、玩具、文具等，但在之后的两年间，行业扩展至家具、化妆品等。

对于以上结论，若追问 Why So，下图均能给出解释，因此它们是正确的 So What。

即便是同一个内容，由于观察者的兴趣和关注点各异，So What 得来的结果也可能不尽相同。然而，当我们阅读企业的商业计划书时，却发现它们大多是罗列数据和分析结果——该如何解读？希望读者从中读取哪些要点？——事实上，只有少数报告明确表明了 So What。切忌抱有"只要看图，就一目了然"的想法，这是因为此时的 So What 全凭接收方自行解释。也不要因为"看了就能懂"便听之任之，明确表示"总之，从中能得出哪些结论"是不可或缺的。

进驻日本的主要外资零售业

进驻年月	公司名称	主营商品
1991 年 12 月	玩具反斗城	玩具
1992 年 11 月	L.L.BEAN	户外服饰
1994 年 9 月	艾迪堡	户外服饰
1995 年 9 月	GAP	休闲服饰
1996 年 7 月	Sports Authority	体育用品
1997 年 11 月	OfficeMax	文具、办公用品
12 月	欧迪办公	文具、办公用品
1999 年 4 月	好市多	仓储式购物俱乐部
7 月	Rooms To Go	家具
10 月	博姿	药妆店
11 月	丝芙兰	化妆品
2000 年 4 月	REI	户外用品
12 月	家乐福	超市

转载自《日经 Business》2007 年 7 月 24 日，第 36 页。

"观察型" So What / Why So

传达方话题不连贯的原因潜藏在意想不到的细节上。无论是图表展示的数据，还是报道和公司内部文件等书面信息，针对"总之，从中能得出什么结论"——试问，每个人都能正确读取出同样的内容吗？答案当然是否定的。

人们大多按照自己关心的事情，或在习惯的语境下解释事物。对于某项信息所展示的事实，对方的"观察"未必全然相同。当你认为"不用刻意传达 So What，对方看了就能懂"的时候，陷阱已经显现。

观察企业的商业计划书可以发现，若半数以上的数据配有标题，就是优质的计划书。想让读者从数据中读取什么？——其实绝大部分计划书未明确表明 So What。最近，为了使文章内容易于理解，不少企业极力缩减文字篇幅，更多采用图表化形式。但是，要制作出人们容易理解的图表，并通过图表呈现的内容达到完美沟通的难度要远大于一篇文字稿。此外，在商业场合，人们的议论经常出现分歧。假设双方对事物的认知相同，只是立论不尽一致，还值得好好讨论。令人遗憾的是，在绝大多数情形下，双方对同一个事实的认知是错位的。

正确"观察"事实，并让接收者同样理解"观察"的结果，是避免话题缺乏连贯性的首要步骤。

"观察型" So What 是以提示的事实为集合，从中归纳结论；而 Why So 是对归纳所得的观察结果进行要素分解，再加以验证。图 4-2 "本公司各商品的营业额"的 So What / Why So，恰恰属于"观察型"。

为使广大读者获得更直观的体会，请试做以下例题。

例题 1

下图是意大利面酱生产厂家 A 公司的有关数据，请仔细观察，首先思考"观察型"So What，再运用 Why So 验证。

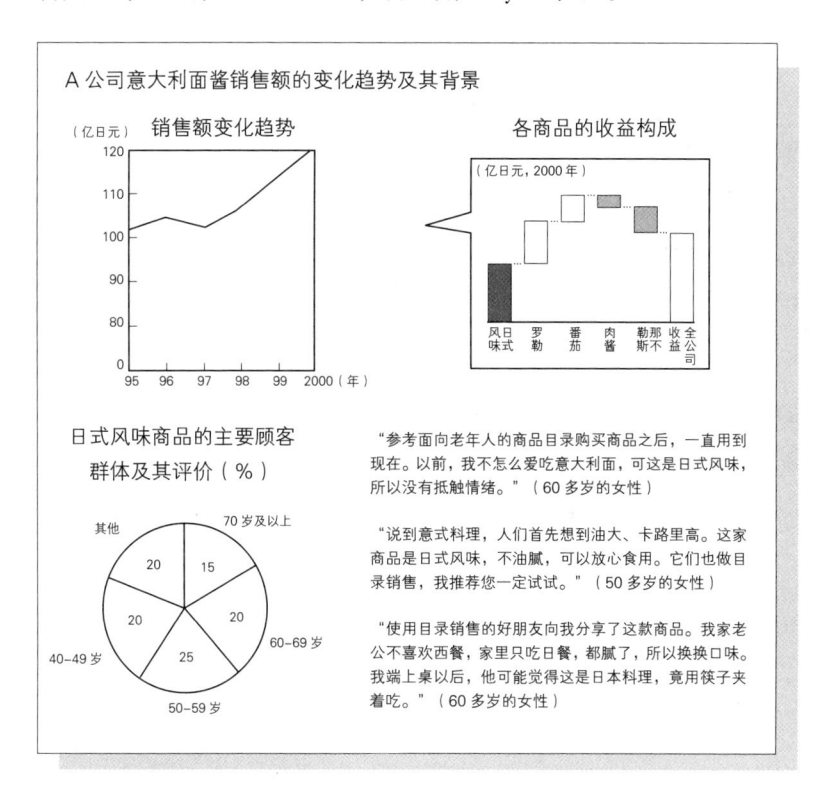

A 公司意大利面酱销售额的变化趋势及其背景

销售额变化趋势（亿日元）

各商品的收益构成（亿日元，2000 年）

风日味式　罗勒　番茄　肉酱　勒那斯不　收益　全公司

日式风味商品的主要顾客群体及其评价（%）

- 其他 20
- 70 岁及以上 15
- 60-69 岁 20
- 50-59 岁 25
- 40-49 岁 20

"参考面向老年人的商品目录购买商品之后，一直用到现在。以前，我不怎么爱吃意大利面，可是日式风味，所以没有抵触情绪。"（60 多岁的女性）

"说到意式料理，人们首先想到油大、卡路里高。这家商品是日式风味，不油腻，可以放心食用。它们也做目录销售，我推荐您一定试试。"（50 多岁的女性）

"使用目录销售的好朋友向我分享了这款商品。我家老公不喜欢西餐，家里只吃日餐，都腻了，所以换换口味。我端上桌以后，他可能觉得这是日本料理，竟用筷子夹着吃。"（60 多岁的女性）

思路与案例解析

第一步　确认图表主题（集合）

即使是 So What / Why So，第一步也需确认问题（主题）。一旦搞错出发点，So What 的结果将朝着错误的方向发展。三个图形构成的图表总标题为"A 公司意大利面酱销售额的变化趋势及其背景"。因此，可以设想 So What 结果的应有内容为："由于〇〇原因，A 公司意大利面酱的销售额出现上涨（下跌）。"

第二步　观察各项事实，思考 So What，同时运用 Why So 确认

如上所示，当图表中包含多个图形时，切忌立刻追问整体的 So What，应该思考每个图形的"观察型"So What。

折线图表示 1995 年至 2000 年期间，意大利面酱销售额的变化趋势。对此，So What 的结论以及 Why So 需追问的内容为：从 1997 年前后起，销售额大幅上涨。

柱状图表示各类商品的收益构成。经观察，So What / Why So 的结论为：日式商品收益最大，赚取全公司近 70% 的利润。其他可得的结论还包括，罗勒、番茄口味带来收益盈余，肉酱和那不勒斯口味存在亏损。

饼图表示日式商品的受众群以及受众的喜好点。经观察发现，40 岁以上的顾客占整体的 80%。从顾客评价可知，它之所以被接受，一是由于日式风味，二是由于面向老年人的商品目录销售。

第三步　结合图表主题，归纳单个的"观察型"So What

为给出"A 公司意大利面酱销售额的变化趋势及其背景"这一主题(问题)的答案,可试着分别归纳总结 3 个图形各自的"观察型"So What。相关阐述主要围绕全公司的发展以及日式商品对公司的贡献。

"从 3 年前起，A 公司销售额稳定上涨。日式风味商品主要面向 40 岁以上的中老年阶层。目前，公司收益大多来自以商品目录

销售为代表的销售方式。"

针对以上信息追问 Why So，验证这 3 项事实能否做出有效回应。

确认！ 当进行 So What 时，重点在于，归纳总结的结论能让对方在脑海中描绘出全局特征。鉴于"观察型"So What 是对事实的归纳总结，因此不少人认为归纳应尽可能简短，或者煞有介事地运用高度抽象的表达来说明。其结果是，So What 得出的结论往往浮于表面，如"市场正在变化""竞争对手正应对市场变化""我们公司没能应对市场变化"等。

上述做法毫无意义，因为我们无法从中得知市场怎样变化、变化的具体体现、竞争对手如何应对，以及本公司的实际变化情况、采取的措施是否背离市场等。因此，即便接收方听到此类 So What，他依旧会在脑海中重新思考："你所说的具体是指什么？"

因此，关键在于通过听、读你给出的"观察型"So What，让没能亲历事实的对方能够按照你的观察，描绘事实乃至生成具体意象。请读者在集中练习的部分，进行实操训练。

"洞察型" So What / Why So

正如"从表示某种状况的诸多数据中，导出其中可能存在的规则和法则，思考公司该采取的行动或评估可能产生的影响"所示，"洞察型"So What / Why So 是从某些信息中提取不同种类信息的一种作业活动。

此外,对于某些特定问题,仔细察看"观察型"So What / Why So,假设便会自动浮现。"设定假设"这一工作本身,是从展示事实的信息中,提出与行业结构、与自家公司该采取的行动等事实种类相区别的思路和判断,因此它也是"洞察型"So What / Why So 的一种。

与此相对,"观察型"So What / Why So 是从展示状况的数据中,提炼"总之,是什么状况";又或是从要执行的行动说明中,提炼"总之,该采取哪些行动"。换言之,是从相同种类的信息中提炼要点,如果是状况则提炼状况,如果是行动则提炼行动。这是"观察型"和"洞察型"的区别所在。

那么,究竟哪些材料可以作为询问"洞察型"So What / Why So 时的答案?"观察型"So What / Why So 是其中一种,但不是唯一的一种。人们普遍认同的常识和公理,或传达方和接收方抱有共识的事情和前提条件——例如,企业理念和商业的前提条件等——更进一步,理论正确的 MECE 概念等,也是能够回答"洞察型"So What / Why So 的材料。请读者通过以下例题,掌握回答"洞察型"So What / Why So 的技巧。

例题 2

假设你所在的公司是一家生产意大利面酱的食品公司。方框内为竞争对手 A、B、C 三家公司的现状。请从各公司实际状况出发,就竞争对手的动向进行"洞察型"So What / Why So 练习。

> A公司：约从3年前起，销售额稳步扩大。得益于面向中老年阶层的商品目录销售，日式风味商品已成为公司的收益支柱。
> B公司：可在便利店轻松买入、手工制作、口味好的意大利百胜肉酱，备受单身女性的欢迎。其销售额急剧增加，已经占到公司整体销售额的半数以上，对B公司销售额的增长做出巨大贡献。
> C公司：高级丹尼奥全系列产品限定销售渠道为高档食材商店，其在市区的市场占有率上升，占整体销售额的40%，对C公司销售额做出重大贡献。

思路与案例解析

第一步　确认问题

相比"观察型"So What / Why So，"洞察型"So What / Why So需要进一步确认：针对哪些内容询问So What。此处应回答的问题是："从3家公司的现状来看，能获悉竞争对手的哪些动向？"

第二步　针对各项事实，首先进行"观察型"So What / Why So

运用"观察型"So What / Why So，根据各家公司的信息，思考它们的特征，可得以下结论。

- A公司的日式风味商品面向中老年人群，通过商品目录销售的形式扩大销售。
- B公司的手工风味商品以单身女性为目标客户，最大限度利用的是便利店的销售渠道。

- C公司只在高档食材店销售高档商品，目标客户为城市人群。

通过以上结论能清晰地把握各家公司的战略方式，但这只是"观察型"So What / Why So。

第三步　剖析"观察型"So What / Why So，从各公司的"状况"提炼"一定的规律性（法则）"

剖析各公司的"观察型"So What / Why So可知，它们分别以各自的做法获取巨大利润。3家公司的共通性为"获取巨大利润"，这背后是否存在特定的法则？思考这3家公司的共通性可知：

- 如中老年人群、单身女性、市区所示，各公司想瞄准的目标客户、目标市场是明确的。
- 如日式风味、手工风味、高档所示，各公司向目标客户提供的商品特征是明确的。
- 如商品目录、便利店、高档食材店所示，各公司的商品销售渠道是集中的。

综上所述，可得到4个共通点：目标客户、商品、渠道和获利。若对其追问So What，可能的解析结果为："竞争对手通过特征鲜明的商品和销售方式，抓住细分客户，扩大销售额，提高收益。"

第四步　利用 Why So 验证

当对"洞察型"So What 持续追问 Why So 时，各公司的"观察型"So What 及其具体信息即为 Why So 的答案。这也能用来确认"洞察型"So What / Why So 是否恰当。

"洞察型"So What 离不开"观察型"So What

"事实归事实，我认为……"——当一个人如此谈论设想时，往往认为"洞察型"So What 比"观察型"So What 更有价值，以显示自己的独具慧眼、见解高超。可实际上，这是巨大的认知错误。

笔者接触大量企业的实际沟通状况发现，只有极少数人能够准确观察事实并得出正确的"So What"。当向他人传递"观察型"So What / Why So 时，需要口述或书写，即将其置换为语言信息。但恕我直言，具备让接收方产生一致理解状态的表达能力的传达方很少。尤其在某行业、业务中浸润的时间越长，此前的经验和认知反而越容易造成偏差，难以得出能经受 Why So 考问的 So What。关于这点，请广大读者一定牢牢铭记。

确实，他人料想不到的离奇构思既引人注目，又貌似富有创造性。然而，当面临巨大风险和成本支出时，单纯依靠离奇的想法能否让对方信服则是另一回事。关键在于，如何用连贯的、易懂的方式说明那些明显让人意想不到的创意，也就是要能回答对方的 Why So。这时，Why So 的答案绝不是"这纯粹是我的个人见解""假设有这种情况"之类的假设，应是世上 80% 的人知晓的内容，这样才能说服他人。

优秀的沟通者能使他人挖空心思也想不到的创意获得所有人的理解。这种极高的沟通能力通常建立在正确的"观察型"So What / Why So 之上，运用全新的 MECE 概念综观全局，再进行"洞察型"So What / Why So，方能产生。

集中练习 2

1 "观察型"So What / Why So 的强化训练

让我们练习如何才能得出正确的"观察型"So What / Why So。关于"观察型"So What / Why So 的思路与解题方法,请参考本书第 87 页的案例解析。请读者根据这一提示,尝试解答以下问题。

问题 1

以下报道的撰写目的是,向超市高层传达关于如何重振综合超市的思路。请阅读这篇文章,并将渡边先生的论点整理为 So What。

提示 1 "观察型"So What 的首个步骤也是确认问题(主题)。这种情况下,应该对什么主题进行 So What 呢?

提示 2 So What 并非越短越好。若主题存在多个分论点,则需要归纳总结。

对话西友社长渡边纪柾

西友经营的各个领域逐渐被专卖店、品类杀手、折扣店所蚕食。过去,西友综合超市以低价、一站式购物吸引顾客,而目前西友在价格、品类、引领生活方式方面,已经丧失了竞争力。今后,西友超市不能再坚持一应俱全的综合型定位,只能聚焦于基础雄厚的食品领域以及非食品领域中的强项部分,若不如此恐难夺回竞争力。

首先,综合超市有必要开发自主品牌专卖店。西友经营一家名为DAIK的周末木匠(DIY)卖场,主要采取在购物中心开设专卖店的方式。这是其中一则例子,服装等领域也可考虑以同样的方式展开经营。而在不擅长的领域,可考虑与西友集团、季节集团[①],以及其他无资本关系的专卖店开展合作。

另外,减少店铺休息日、延长深夜营业时间,可扩大营业机会。特别值得一提的是,从1999年12月起,西友开始延长部分店铺的营业时间,试点店铺的销售额也确实得以上涨。位于车站、公交枢纽站的73家店铺,营业至晚上9–11点。据悉,大量无法在商圈规定营业时间内购买产品的顾客,选择在此购物。

最后,便利店式的经营方式也较为凸显,比如西友也销售酒、下酒菜、副食、盒饭等。与传统便利店相比,西友还销售生鲜食品,品类更丰富。在个别店铺,非食品销售额增长显著,表现为晚饭后来店购买电器和服装的顾客较多。总之,延长营业时间将使西友店铺变得更强。

出处:转载自《日经 business》2000年5月8日,第35页。

---

① 季节集团(英文名:Saison Group),是西屋百货店和西友集团等的母集团,为日本国内最大的流通企业集团。——译者注

问题 2

威士忌市场分为两类:一类是"家用市场",即酿酒厂先将产品批发给酒类商店,再由终端消费者购买并饮用;一类是"业务市场",即酿酒厂批发供应给饭店和酒吧,并在此进一步销售。下图

为顾客指定威士忌品牌的购入对比图，在此我们假设其各自市场规模为100。请针对威士忌市场的特色，进行"观察型"So What 练习。

品牌指定率并非指定某家公司品牌的比率，而是指采取品牌指定购买行为的顾客比率。此处的市场规模不详。

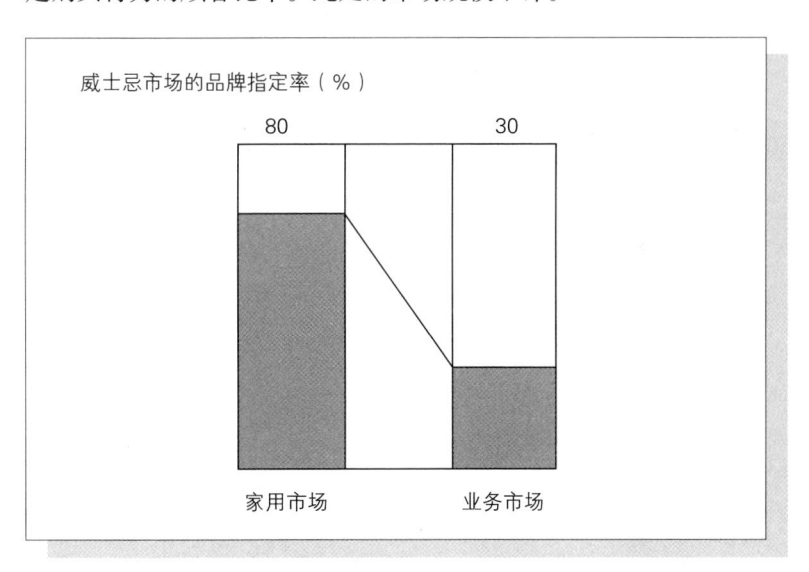

威士忌市场的品牌指定率（％）

家用市场　80
业务市场　30

提示 1　顾客指定品牌这一行为本身意味着存在"顾客池"。我们可将其看作是人人都认可的共通事项。

提示 2　①与家用市场相比，业务市场的自由度更大，更富魅力。
②本公司在家用市场的顾客评价度更高。
③本公司应大举进入业务市场。

以上都不正确。对于①与②，若询问 Why So，还能得出该结论吗？至于③，So What 的问题设定本身就是错误的。请读者再次确认情形设定是否正确。

问题 3

下图是针对日本国内旅游景区，以 1 万名游客为对象进行调查并取平均值制成的标绘图。横轴表示游客出行意向指数（"想去的程度"），纵轴表示评价指数（"实地游览的感想"）。

根据下图，请针对日本国内旅游景区的评价进行"观察型"So What 练习。

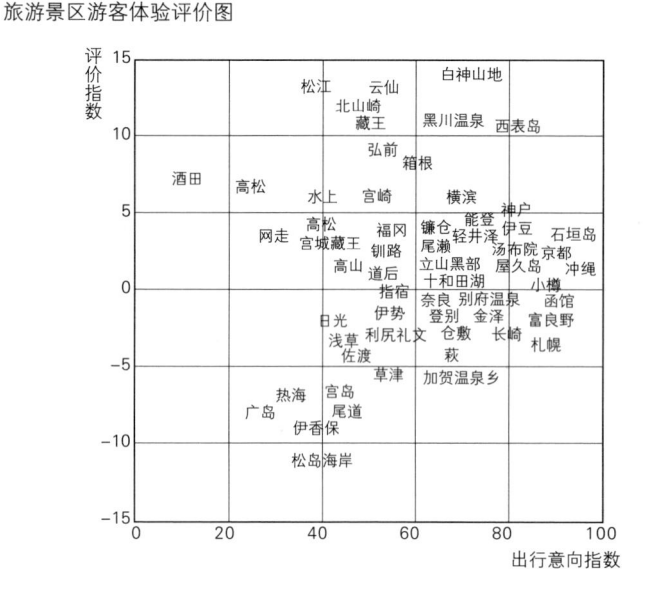

旅游景区游客体验评价图

评价指数					
15					
		松江 云仙 北山崎 藏王	白神山地		
10			黑川温泉 西表岛		
		弘前 箱根			
5	酒田	高松 水上 宫崎	横滨 神户		
		网走 高松 宫城藏王 高山	福冈 镰仓 能登 伊豆 钏路 轻井泽 汤布院 京都 石垣岛 道后 立山黑部 屋久岛 冲绳		
0			十和田湖 小樽 指宿 奈良 别府温泉 函馆 伊势 登别 金泽 富良野 日光 仓敷 长崎 札幌 浅草 利尻礼文 萩 佐渡		
-5			草津 加贺温泉乡		
		热海 宫岛 广岛 尾道 伊香保			
-10					
		松岛海岸			
-15					
	0	20 40	60	80	100
				出行意向指数	

数据处理方法（对 1 万名游客进行如下处理）

- 评价指数：由游客对日本国内旅游景区做出评价——"大大超出预期"为 15，"与期待一致"为 0，"远远低于预期"为 -15，取其平均值绘制而得。
- 出行意向指数：由游客对日本国内旅游景区做出评价——"特别想去"为 100，"想去"为 60，"不怎么想去"为 40，"完全不想去"为 0，取其平均值绘制而得。

出处：作者根据日本交通公社《游客动向 2000》加工整理而成。

提示 1 要对这幅图整体进行 So What 并提取结论，一个有效的方法是把上图划分为数个 MECE 象限。当 MECE 象限（分组）生成之后，试着给象限添加标题。具体而言，可通过"出行意向指数"和"评价指数"两轴来定义象限特征。

提示 2 仔细观察同一象限中的若干旅游景区，思考是否存在共同特征。

提示 3 "札幌的出行意向虽高，但实地游览的结果略低于预期"——对此，若将主题（问题）设定为"札幌的定位如何"，虽是正确的"观察型"So What，但由于它完全无视了其他旅游景区的信息，对整张图而言，是无价值的"观察型"So What。

提示 4 尝试运用 Why So 加以验证。例如，"温泉地区的出行意向虽高，但评价一般，大约在 ±5 以内"——这不是正确的 So What。而伊香保和热海也属温泉地区，但出行意向和评价指数却都很低。

2　找出错误的"观察型"So What / Why So

当"归纳总结的内容"看起来煞有介事时,即使"观察型"So What 不正确,也可能让人无法察觉。能否发现 So What 的错误,与 Why So 的灵敏度相关。

问题 1

下图的文章 A 是对图 B 进行"观察型"So What 后的总结。A 是正确的 So What 吗?若不正确,请改为恰当的"观察型"So What。

提示 1　要想得出正确的"观察型"So What,首要提示在于图 B 是业务系统。在此,请先确认何为业务系统(参见本书第 58 页),而文章 A 仅说明了图 B 的框架。

提示 2　并非简短总结即可。你思考的 So What 能否清晰地展现这幅走向图所涵盖的丰富信息?

确认!　对于应进行 So What 的信息,你是否只从中选取自己感兴趣的内容加以操作?可事实上,一篇文章不会提示无用的信息。请读者务必在不遗漏信息的前提下,对全部信息进行 So What。

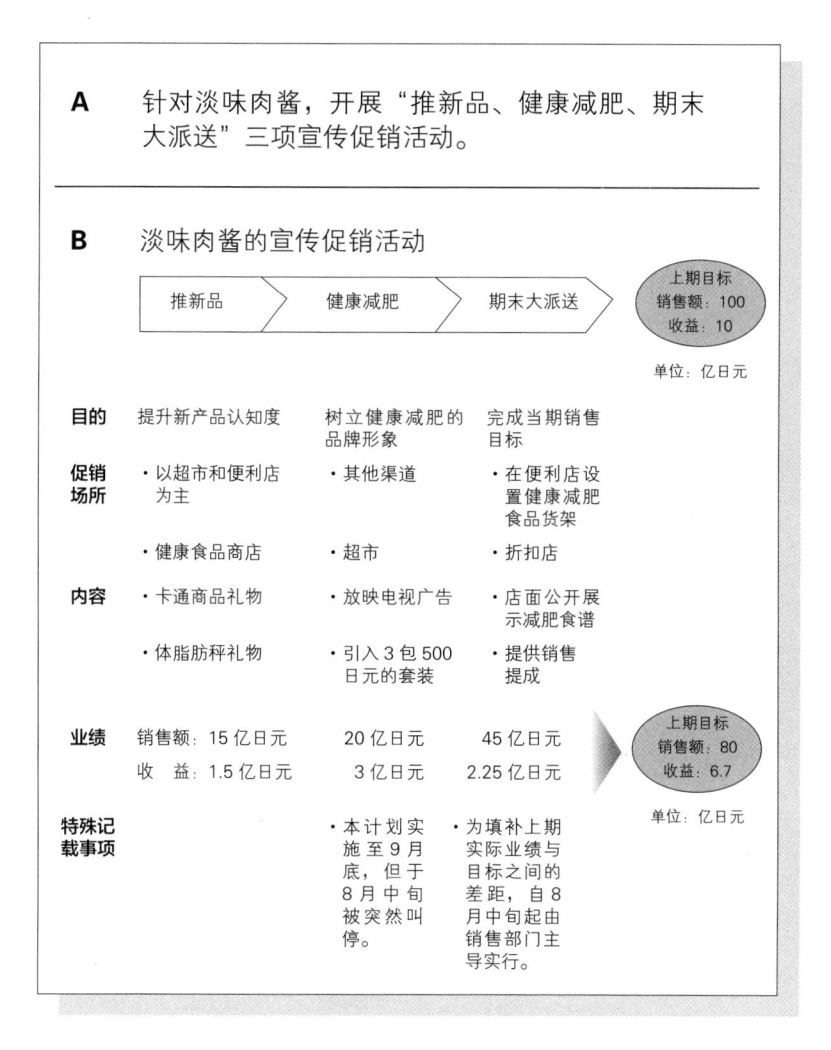

					上期目标
A	针对淡味肉酱,开展"推新品、健康减肥、期末大派送"三项宣传促销活动。				

B 淡味肉酱的宣传促销活动

> 推新品 → 健康减肥 → 期末大派送

上期目标
销售额:100
收益:10

单位:亿日元

	推新品	健康减肥	期末大派送
目的	提升新产品认知度	树立健康减肥的品牌形象	完成当期销售目标
促销场所	·以超市和便利店为主 ·健康食品商店	·其他渠道 ·超市	·在便利店设置健康减肥食品货架 ·折扣店
内容	·卡通商品礼物 ·体脂肪秤礼物	·放映电视广告 ·引入3包500日元的套装	·店面公开展示减肥食谱 ·提供销售提成
业绩	销售额:15亿日元 收益:1.5亿日元	20亿日元 3亿日元	45亿日元 2.25亿日元
特殊记载事项		·本计划实施至9月底,但于8月中旬被突然叫停。	·为填补上期实际业绩与目标之间的差距,自8月中旬起由销售部门主导实行。

上期目标
销售额:80
收益:6.7

单位:亿日元

问题 2

下图的文章 A 是对图 B 进行"观察型"So What 后的总结。A 是正确的 So What 吗?若不正确,请改为恰当的"观察型"So What。

A 消费者对意大利面酱的喜好和购买原因，在这13年间出现了巨大变化。

B 消费者的变化情况　　　　　　　（%；N=100人；可多选）

Q1."喜欢什么口味的意大利面酱"

1988年调查结果

肉酱	60
那不勒斯	50
其他	10

1998年调查结果

日式	35
罗勒	30
蛤仔	25
黑胡椒	20
肉酱	15
那不勒斯	5

Q2."购买意大利面酱，更重视哪些内容"

1988年调查结果

低价格	35
品牌	30
好口感	25
好包装	20
无添加物（安全性）	15
其他	5

1998年调查结果

味道正宗	50
无添加物、优质原材料	40
花式	35
新奇	25
低价格	20
其他	5

| 提示 | 1 | 你思考的 So What，能让读者勾勒出消费者的两种变化吗？ |

| 提示 | 2 | 如果你认为"消费者对于意大利面酱的口味嗜好呈现多样化趋势"，那么你将如何回答 Why So？是因为面酱种类增加了 3 倍吗？但是，如果左侧图形（1988 年）的"其他"一栏包含 20 种意大利面酱，又该如何解释？ |

| 确认！ | "正在变化""正在演变""正在转变"——当针对某种趋势进行 So What 时，如果不说明"从……到……""如何变动"，则等同于未做说明。若 So What 的结果只表明"市场正在变化"，则毫无意义。 |

问题 3

下图的文章 A 是对图 B 进行"观察型"So What 后的总结。A 是正确的 So What 吗？若不正确，请改为恰当的"观察型"So What。

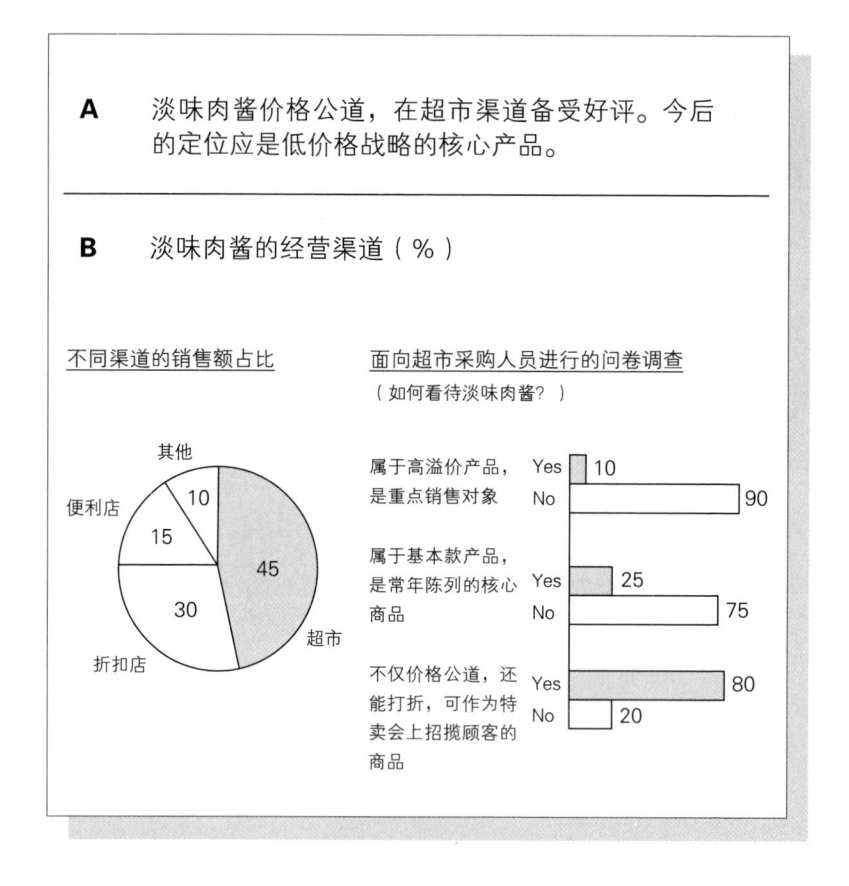

A 淡味肉酱价格公道，在超市渠道备受好评。今后的定位应是低价格战略的核心产品。

B 淡味肉酱的经营渠道（%）

不同渠道的销售额占比

- 超市 45
- 折扣店 30
- 便利店 15
- 其他 10

面向超市采购人员进行的问卷调查
（如何看待淡味肉酱？）

观点	Yes	No
属于高溢价产品，是重点销售对象	10	90
属于基本款产品，是常年陈列的核心商品	25	75
不仅价格公道，还能打折，可作为特卖会上招揽顾客的商品	80	20

> **提示** 当你不清楚错在何处时，请反复进行 Why So（真能得出该结论吗？）。无法用 Why So 验证的结论，则是不正确的 So What。

3 "洞察型" So What / Why So 的强化训练

关于"洞察型" So What / Why So 的思路与解题方法,请参考本书 91 页的案例解析。请读者根据这一提示,尝试回答下面的例题。

例题

在此,我们以"'观察型'So What 的问题 3——旅游景区游客体验评价图"为分析对象,思考"洞察型"So What。

假设你是旅行促进协会国内观光促进科的科长。请以"旅游景区为了吸引更多游客,应该采取哪些必要措施"为题,进行"洞察

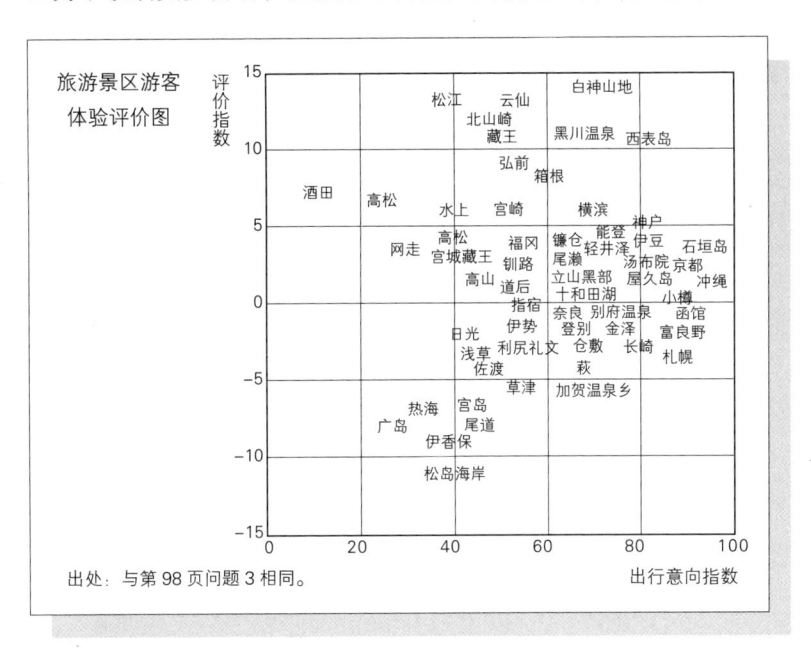

旅游景区游客体验评价图

评价指数 (纵轴,范围 -15 到 15)
出行意向指数 (横轴,范围 0 到 100)

景点分布(按大致位置):
- 上部(评价指数约 10-12):松江、云仙、北山崎、藏王、白神山地、黑川温泉、西表岛
- 中上部(评价指数约 5-8):酒田、高松、水上、宫崎、弘前、箱根、横滨、神户
- 中部(评价指数约 0-3):网走、高松、宫城藏王、高山、福冈、钏路、道后、镰仓、尾濑、轻井泽、能登、伊豆、石垣岛、汤布院、京都、立山黑部、屋久岛、冲绳、十和田湖、小樽
- 中下部(评价指数约 -2 到 0):指宿、伊势、奈良、别府温泉、函馆、日光、浅草、利尻礼文、金泽、登别、长崎、富良野、佐渡、仓敷、萩、札幌
- 下部(评价指数约 -5 到 -8):草津、加贺温泉乡、热海、宫岛、尾道、广岛、伊香保
- 最下部(评价指数约 -12):松岛海岸

出处:与第 98 页问题 3 相同。

型"So What。这种情形下的旅游景区并不指代特定场所，而是指非特定的多数普通旅游景区。请先参考本书 86 页的"观察型"So What，再运用 Why So 验证。

思路与案例解析

第一步　确认"观察型"So What / Why So

首先，请确认"观察型"So What。我们先设定一个"观察型"So What 案例：以出行意向指数 60（想去）为横轴、以评价指数 5（去后感觉比想象中好）为纵轴，分别在两个方向上画线，最终得出下图所示的 4 个象限。

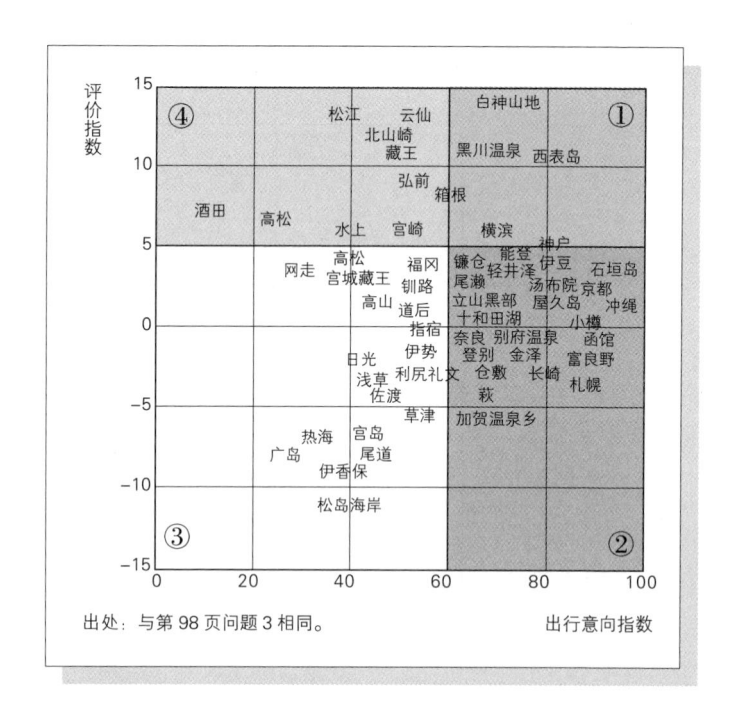

出处：与第 98 页问题 3 相同。

① 想去，并且实际超出预期的旅游景区——作为旅游景区并非那么有名，但拥有丰富的自然风光，一年四季各有千秋。

② 想去，且基本符合预期的旅游景区——人人都知道的场所。涵盖范围广泛，既有古都，也有近来颇受欢迎的景点。

③ 并非特别想去，且实际去了也不尽如人意的旅游景区——日本三景[①]等传统旅游景区。

④ 并非特别想去，但实际超出预期的旅游景区——作为旅游景区名不见经传，景区之外也感受不到其他任何突出的特征。

第二步　对照问题，思考"洞察型"So What / Why So

问题（主题）是"旅游景区为了吸引更多游客，应该采取哪些必要措施"。旅游景区在图上4个象限的位置不同，游客向最符合希望的①象限趋近时，所采取的行动也会有所区别。

在此，让我们就②象限的旅游景区展开思考。②象限属于"想去，且基本符合预期"的组群，但长此以往，不会产生"回头客"。这一风评若持续高涨，还可能拉低"想去"游客的出行意向。因此，提高游客来访时的满意度是重中之重。在考虑具体解决方法时，可供参考的做法包括两类：第一，思考"实际超出预期"组群的旅游景区即象限①和④的特征与共同项；第二，调查目标旅游景区的当地习俗以及具备共同点的场所的具体做法。经研究可得到以下4项内容。

[①]　日本的三大名胜景地：宫城县中部的松岛、京都府北部的天桥立、广岛县西南部的严岛（又称松岛）。——译者注

- 探寻当地还不为人知的优美自然景观。
- 探寻当地还不为人知的优秀建筑等人造景观。
- 尝试创造当地目前虽不具备但能提高游客满意度的自然景观。
- 尝试创造当地目前虽不具备但能提高满意度的建筑（硬件），特色传统仪式活动、食材以及料理（软件）。

接下来，请读者根据上述要领设定假设，思考目前属于象限③和④的旅游景区应采取哪些措施。

问题

在此，我们以"'观察型'So What 的问题 2——威士忌市场的品牌指定率"为分析对象，思考"洞察型"So What。

假设你是洋酒厂的营业部部长。从这幅图能推导出，贵公司得以有效促进威士忌销售的原因所在。请以此为题，进行"洞察型"So What。请先参考本书 86 页的"观察型"So What，再运用 Why So 验证。

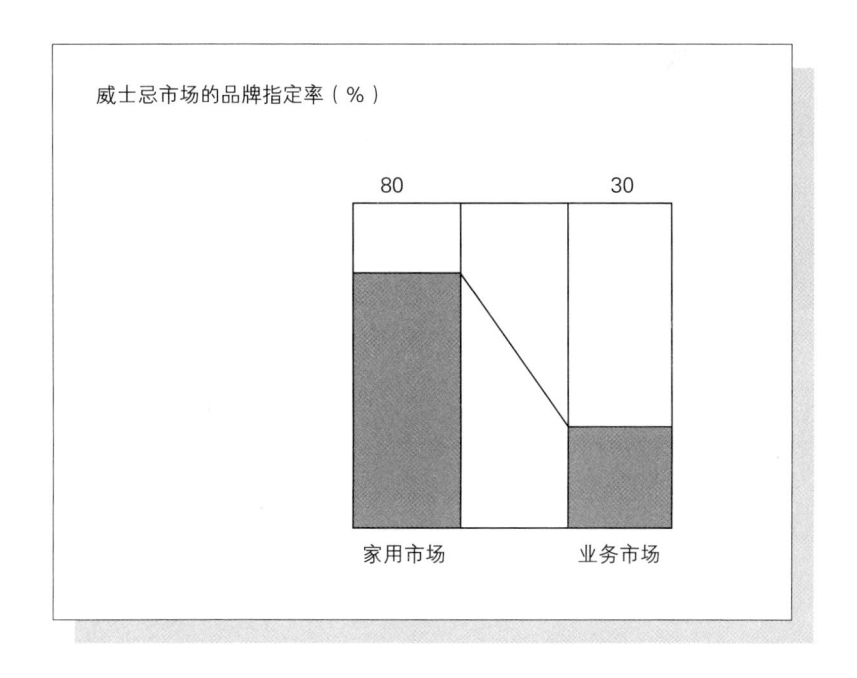

威士忌市场的品牌指定率（%）

80　　　30

家用市场　　业务市场

提示 根据上图，我们无法判断家用市场和业务市场的市场规模，也无从得知各个市场所取得的业绩。因此，"应该进攻哪个市场"——这类型 So What，无法通过 Why So 的验证。

Logical Communication
Skill Training

—— 第三部分 ——

如何建构逻辑

正如本书序言所述，逻辑沟通终于得到日本商界的广泛认可，不少人开始以"沟通"为生计。笔者作为逻辑沟通领域的市场利基①人员，亲见这种变化，异常欣喜。

遗憾的是，很多人没能掌握练就逻辑思维的工具，只是依赖直觉和经验，在反复试错中行进。确实，如果是自己熟知的领域、熟悉的工作条件，利用直觉和经验开展试错机制，还能应付得过去。但在陌生的或变化剧烈、既有经验未必适用的领域，哪种工具能帮助你将所说、所写的内容，搭建成富有逻辑性的表达结构？本书第二部分介绍的MECE、So What / Why So就是两种卓有成效的逻辑思维搭建工具。

在第三部分，我们拟介绍建构逻辑的工具以及熟练运用的要点。这套工具能帮助广大读者组装经MECE、So What / Why So整理的沟通"零件"，使之构成"逻辑"。

---

① 在西方称之为"Niche"，通常译作"利基"。是指针对企业优势细分出来的市场，并且它的需要没有被服务好，或者说"有获取利益的基础"。Niche Market是指"小众市场"，也被称为"缝隙市场""利基市场"。利基营销又称"缝隙营销"或"补缺营销"，也有称为"狭缝市场营销"。——译者注

第五章　使用 So What / Why So 和 MECE 建构逻辑

1. 什么是"逻辑"

在第一部分，本书阐述了逻辑沟通的两大内容。首先，要准备自己与对方之间所设定"问题（主题）"的"答案"；其次，"答案"的要素包含结论与论据，或者结论与方法。在第二部分，如何对照问题从各种信息中提取正确的"结论"与"论据"，或对得出的"结论"采取某项行动，作为整理"结论""论据""方法"的路径，我们介绍了 MECE（消除重复、遗漏、离题）和 So What / Why So（消除话题不连贯）两项技巧。

在整理结论、论据、方法时，若能做到不重复、不遗漏、不离题并且保持连贯，则表明你已经妥善地备齐了沟通的"零件"。但要把这些"零件"传达给对方，让对方理解你的结论——"原来如此，明白了"，还须下一番功夫。我们以汽车、音响设备为例，无论每个零件的制作如何精细，如若不能将它们组装为一个成品、发挥整个系统的功用，那么普通消费者就无法切实感受个中好处。这道理同样适用于沟通领域。

如果将一盘散沙的结论、论据、方法等"零件"直接传达给沟通对象，对方很难看清各"零件"间的关系，这导致他不得不在大脑中反复思考：So What（究竟结论是什么？）、Why So（为什么得出该结论？）、真的是 MECE 吗（不遗漏、不重复、不离题）？如此一来，很难达到理想的沟通状态——"原来如此，明白了"。况且，如果对方原本就对你想传达的内容不感兴趣、不甚关心，那就更不能期待对方会主动把握"零件"间的关系，并积极理解你所传达的整体内容。也许从一开始，对方就放弃了理解。

为了避免上述情况发生，在沟通的过程中建构逻辑不可或缺。具体而言，是把"零件"（结论、论据、方法）组装成一个"逻辑结构"，并向对方展示各"零件"间的关系。

那么，什么是逻辑？逻辑可能让你觉得复杂、高深，实则极其简单。它是根据纵、横两项法则，将结论与论据或结论与方法串联起来的一种结构。本书的逻辑定义为：

> 所谓逻辑，是指结论与论据或结论与方法等多个要素，以结论为顶点，纵向上通过 So What / Why So 形成层级，横向上经由 MECE 构建相互联系。

本书第三章和第四章分别详细阐述了 MECE 和 So What / Why So。在此，将各自要点简单汇总如下。

纵向法则 So What / Why So

所谓 So What，是指对照问题（主题），从一个或多个要素（数据、信息、个人想法）的整体当中提取相关结论。其次，若针对 So

What得来的结论，自问自答、询问Why So——"为何得出该结论？"，这时原始的多个要素的<u>整体还必须是问题的答案</u>。

重点在于下划线部分。换言之，当视野中只有某部分要素时，So What的关系无法成立。在目前已知要素之外，<u>必须依靠添加其他补充说明的信息和数据才能得出结论时，So What的关系也无法成立</u>。Why So正是对此加以验证的一项作业。

So What / Why So 包含以下两种类型。

"观察型" So What / Why So

归纳总结数据和信息所代表的含义，同时验证概括的结论是否恰当。观察对象若是事实，So What的结果就是对事实的概括总结；对象若是行为，则So What的结果就是对行为的概括总结。

"洞察型" So What / Why So

针对数据和信息进行"观察型"So What / Why So之后，对照问题提取区别于原始数据和信息的异质要素，同时验证是否真能下达该结论。例如，从多个竞争对手的动向（事实）出发，找出行业内部的取胜模式（规则/法则）——推导这一判断和假设的情形适用于"洞察型"。再比如，从可见的业务问题（事实）出发，针对引发该问题的根本因素做出假设，这也属于"洞察型"。

横向法则 MECE

MECE作为一项技巧，把某一事实和概念看作集合，再划分为若干不重复、不遗漏的子集，最终将集合作为各子集的集合体加以掌握。例如，假设由你发言，总结关于"公司业务现状"的讨论结果。这时，必须找到某种视角——也可称作"切入点"——它以"公司业务现状"为集合，且能做到基本不重复、不遗漏地对生成现状的诸多要素加以整理。

在此，笔者强调一点，关键不在于整理后的内容是否符合MECE的形式，而是最终当把"问题"的答案传达给沟通对象时，对方是否认为你的答案做到了不重复、不遗漏、不离题，且贴合问题（主题）的切入点。

逻辑的基本结构

具体而言，逻辑的基本结构为何？图5-1为逻辑的基本结构的概念图。如图所示，逻辑是指以结论为顶点，并由支撑结论的论据或实现结论的方法，共同组成的一个结构。含结论在内的一个逻辑结构的所有要素，必须满足以下3个条件。

- 条件1　结论是问题（主题）的"答案"。
- 条件2　从纵向来看，以结论为顶点，So What / Why So 的关系成立。
- 条件3　从横向来看，同一层级内的多个要素构成MECE的关系。

例如，假设你收到上司的指示："我想掌握客户公司莉莉化妆品的现状。业绩层面的数据已经到手了，但还缺少业务的真实情况，请你调查并做一份报告。"于是，你收集、分析莉莉化妆品的业务信息，针对上司提及的问题给出结论，并备齐若干支撑结论的论据——"零件"。在此之后，你该如何做？

聪明如你，可不要觉得"大功告成"，进而草率地向上司汇报或者步入报告书写环节，而是应当建构结论和论据之间周密的逻辑关系。这时，需要满足上述3个条件。让我们对照逻辑的基本结构图（参见图5-1），结合莉莉化妆品的现状（参见图5-2），熟悉这3个条件。

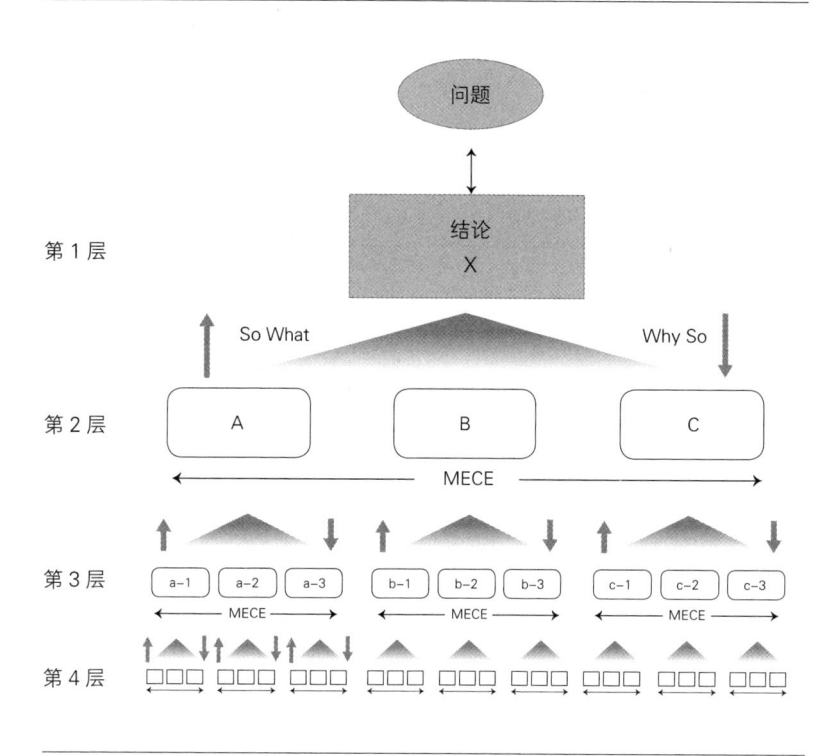

图 5-1　逻辑的基本结构

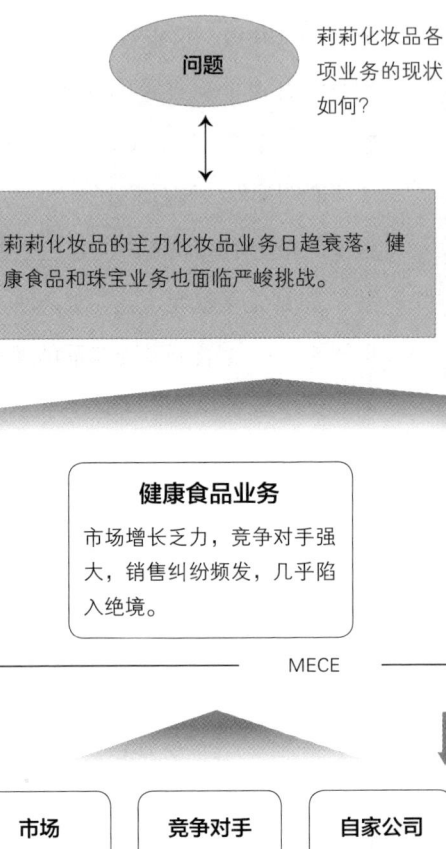

莉莉化妆品各项业务的现状如何?

问题

↕

结论　莉莉化妆品的主力化妆品业务日趋衰落,健康食品和珠宝业务也面临严峻挑战。

↑ So What

主力化妆品业务
在大都市市场和地方市场,均未发挥上门销售的优势,所处状况相当艰难。

健康食品业务
市场增长乏力,竞争对手强大,销售纠纷频发,几乎陷入绝境。

← MECE →

大都市
女性就业率高,上门销售的业绩持续受创。尽管店面采取低价销售策略,但充其量是在量贩店的强力进攻下苦苦挣扎。

地方城市
邮购供应商以丰富的品种和低廉的价格为卖点,抢占市场占有率。

市场
长期萧条状态下,规模难以增长,陷入价格竞争,不再产生收益。

竞争对手
在安全性方面,受消费者高度信赖的食品公司取得了压倒性胜利。

自家公司
商品说明书触犯《药事法》,导致纠纷频发,产生巨大处理成本。

← MECE →　　　← MECE →

图 5-2　莉莉化妆品的案例

Why So

珠宝业务

商品、价格、促销、渠道——营销的方方面面都存在问题。

商品

销售的商品种类全权交由厂家负责，厂家视其为处理库存产品的手段，导致莉莉的商品格调缺乏统一感。

价格

珠宝饰品价格整体走低的当下，莉莉产品给人价格虚高的感觉。

促销

为提高销售额，反复采取降价促销策略，导致产品无法再以正价销售。

渠道

欠缺销售技巧，产品描述难以让顾客信服。

MECE

条件1　结论是问题（主题）的"答案"

究竟为何要建构逻辑？显而易见，是为了传达沟通双方所设问题（主题）的答案，让对方信服自己的结论，并做出我们期待的反应。达成沟通目标的大前提在于，"答案"的核心结论必须是"对问题（主题）答案的概括"。

在建构逻辑时，首先要确认，置于逻辑结构顶点的结论是否符合问题（主题）。大多数传达方在总结报告或准备发言时，本应回答"×业务的现状如何"，却把结论说成"×业务的销售部门与开发部门缺乏合作，因此有必要采取强化对策改善该问题"。这一结论脱离原有问题，属于答非所问。

本书在第1章已经详述：结论不是归纳自己想说的内容。无论以结论为顶点的逻辑结构如何正确，只要结论不是你与对方之间所设问题（主题）的答案，那么从对方而言，该逻辑就是毫无价值的"偏离目标的回答"。首先，请确认结论是否为问题（主题）的答案。

接下来，让我们观察莉莉化妆品的案例（参见图5-2）是否满足条件1。既然问题是"莉莉化妆品各项业务的现状如何"，那么结论的内容就必须针对莉莉化妆品各项业务的"现状"加以说明。在此，从"主力化妆品业务日趋衰落，健康食品和珠宝业务也面临严峻挑战"来看，结论是对"现状"的说明，因此这样的内容称得上是对所设问题的回答。

诸如"应下大力度，开拓各项业务的新型网络渠道""应加大举措，提高盈利能力"之类的结论，不能作为问题的答案。因为问题明明在探寻"状况"，但回答却指向了"行动"。

再比如，假设给你的问题为"本公司是否应当加入新领域A"，那么你应该回答的结论是"加入"或"不加入"。倘若对方期待得到的答案是"加入"或"不加入"，而你给出的结论却是"考虑到消费降温的情况，需重新讨论目前设定的加入条件"，那么恐怕于其而言——"这不是答案"。

参加公司的内部会议、与客户举行商务谈判，或作为一名消费者，你一定不止一次遭遇文不对题、脱离要点、令你疑惑乃至焦虑的沟通。作为与沟通对象之间所设问题（主题）的答案，你脑海中的结论是否恰当，是能否形成正确的逻辑结构的首要条件。

条件2　从纵向来看，以结论为顶点，So What / Why So 的关系成立

正确的逻辑结构的次要条件是：以结论为顶点，且论据或方法的多个要素在纵向上形成 So What / Why So 的关系。

首先，让我们观察图5-1。位于结论X下方的要素A、B、C为"论据"；当结论为某项行动时，要素A、B、C为如何执行才能实现结论的"方法"。结论X与论据（或方法）A、B、C之间的关系表现为：当针对结论询问"Why So"，A、B、C就是问题的答案。具体而言，假设向沟通对象提示结论，如果对方反问"为何得出该结论"，A、B、C这3个要素就是对提问的回答；当结论表示要采取某项行动时，如果对方追问"为何采取该行动"，A、B、C这3个要素提示的就是方法——"具体执行〇〇""采用△△的方式向前推进"。

这样一来，当传达方提出"我的结论是X。之所以得出这一结论，

是因为 A、B、C"时，对方不会感到唐突，可以自然地接受"之所以得出这一结论"的前后联系。相反，为了使 A、B、C 这 3 项成为问题的答案，对其进行 So What（归纳究竟存在哪些结论）得到的应是结论"X"。这两种逻辑关系都要成立。

So What / Why So 的关系，在第 2 层以下的各要素间也同样成立。当针对要素 A 询问 Why So，其下方的要素 a-1、a-2、a-3 就是回答。同时，若针对 a-1、a-2、a-3 这 3 项要素追问 So What，就应该得到 A。

其次，让我们运用莉莉化妆品的案例（参见图 5-2），确认 So What / Why So 的关系。图 5-2 将具体案例套入图 5-1"逻辑的基本结构"，构成了结论及其论据的基本结构。当向对方传达"主力化妆品业务日趋衰落，健康食品和珠宝业务也面临严峻挑战"这一结论时，若对方询问 Why So（为何得出该结论？），这时的答案即"之所以这么说……"的具体论据是在结论正下方的第 2 层，按照莉莉化妆品正开展的 3 项业务加以排列（"化妆品业务""健康食品业务""珠宝业务"）。反之，针对第 2 层的 3 项业务状况追问 So What，得到的是结论。

再次，当针对第 2 层的论据询问"按各项业务来看，具体情况如何（Why So）"，构成其回答的论据在第 3 层。我们以化妆品业务为例，第 3 层以"大都市市场""地方市场"为切入点，设置了两项论据，具体说明上门销售的方式不匹配化妆品业务市场的原因。而对第 3 层的两项论据追问 So What，得到的是第 2 层。在健康食品、珠宝业务领域，这种关系也同样成立。

综上所述，正确的逻辑结构在纵向上必须以结论为顶点，自上而下满足 Why So，从下至上满足 So What。纵向通过贯彻 So What / Why So 法则，使"结论为 X。之所以这么说，是因为 A、B、C"中的"之所以这么说"不显唐突，并能消除结论与论据或结论与方法之间的不连贯性。关于 So What / Why So 的详细解说，请广大读者回顾本书第四章。

条件3 从横向来看，同一层级内的多个要素构成 MECE 的关系

在正确的逻辑结构中，同一层级内的多个要素还必须在横向上相互组成 MECE 关系。如图 5-1 所示，位于第 2 层的要素 A、B、C 正是 MECE 的关系，它们既能给出问题结论，又是不遗漏、不重复、不离题的要素集合。第 3 层也是如此，对应 A、B、C，要素 a-1、a-2、a-3，要素 b-1、b-2、b-3 以及要素 c-1、c-2、c-3 必须满足"无重大遗漏、不重复、不离题"的条件。本书第三章已就 MECE 做了详细说明，广大读者可查阅复习。

接下来，让我们再次以莉莉化妆品为例（参见图 5-2）进行解释说明。问题为"莉莉化妆品各项业务的现状如何"，在此，需要把问题的答案形成逻辑结构。于是，在直接支撑结论的第 2 层中，图中是按照莉莉化妆品开展的所有业务——化妆品业务、健康食品业务、珠宝业务，排列各项论据。假设莉莉化妆品在这 3 项业务以外还从事服装业务，那么对图 5-2 的逻辑结构而言，结论将会不同，论据也会因为存在遗漏而无法构成 MECE 的关系。于是，作为该图的第 4 项论据，我们必须在第 2 层添加服装业务要素。

此外，图 5-2 第 3 层的各项论据也呈 MECE 关系。关于化妆品业务，图中从市场角度出发，按照大都市和地方城市的划分维度整理论据。之所以称其为MECE，是由于可以按照大都市和地方城市，区分开展化妆品业务的（国内）市场。相同之处在于，两个市场都未能发挥上门销售这一销售形态的强项，但仔细观察实际情况可知，大都市和地方城市之间仍然存在差异，而第3层的论据恰好可以说明这些差异。

关于健康食品业务，图中运用"市场（Customer）、竞争对手（Competitor）、公司（Company）"的3C分析框架整理论据，说明其所处的严峻状况。

关于珠宝业务，尽管存在营销问题，但图中运用"产品（Product）、价格（Price）、促销（Promotion）、渠道（Place）"的4P分析框架，从4个视角归纳总结了论据。

然而我们想说的是，当你要把某项业务的状况描述成MECE时，往往就如这则案例一般，不自觉间更多采用的是3C分析框架。但关键在于思考运用哪种切入点来归纳论据，如何向对方展示才能更突出业务的特征以及问题点，从而更好地向对方传达信息。最终，需要选择一个最佳的切入点。例如：

- 论据1　×公司的研发功能如何？
- 论据2　×公司的生产功能如何？
- 论据3　×公司的营业功能如何？

如上所言，可以按照×公司的各项业务功能形成论据。假如×公司经营的是传统制造业以外的业务，诸如保险业和零售业等，那么业务功能的捕捉方式也会有所区别。总而言之，同一层级的要素必须是就上一层要素提问 Why So 的答案，同时要素之间构成恰当的 MECE 关系。

让我们再举一则例子，以思考同一层级内的多个要素是否互为 MECE 关系。假设需要建构以下问题答案的逻辑——"提出融资申请的候选公司 × 的业务现状如何"。这时，如果选择下述几个切入点作为支撑结论的论据，结果将会如何？

- 论据 1　对 × 公司而言，市场状况如何？
- 论据 2　× 公司的目标客户群有哪些变化？
- 论据 3　× 公司旗下销售公司的销售能力如何？

上述内容不能构成 MECE 式的论据。首先，论据 1 的市场与论据 2 的客户大量重合。其次，如果以 × 公司旗下销售公司的销售能力为论据，会让人忍不住指出存在的漏洞："其他生产功能和研发功能如何？既然提到销售，那么销售公司的管理能力如何？"再加上，以市场（论据 1）、顾客（论据 2）、销售能力（论据 3）这 3 项为切入点，本身就存在漏洞，无法形成任何一个集合。因此，如果使用论据 1 和论据 2，应再加入竞争对手以及销售能力以外的其他要素，形成 3C 分析框架；如果使用论据 3，应加入其他业务功能，根据业务系统的各个阶段提示论据。目前所列的 3 项论据，看似重要，实际并非能让对方认可结论的、富有逻辑的说明。

2. 逻辑联系越紧密越好

亲爱的读者，当你阅读至此，设想该如何建构逻辑时，是否会产生以下疑问？

纵向上，应该打造几个层级？
横向上，应该分成几个 MECE？

只要思考"为什么建构逻辑？"，就能找到问题答案。自不必言，答案是要让沟通对象信服你的结论，并做出你期待的行为反应。因此，只要是对方认同的、恰当的逻辑即可。

换言之，网罗大量信息和分析结果组成一个宏大的逻辑结构，毫无意义可言。若能运用紧凑的逻辑结构说服对方，意味着对方需要理解的信息量少，那么该逻辑就是最佳方案。在此基础上，我们再尝试思考上述两点疑问。

纵向上，应该打造几个层级

请按照如下方式思考：当你向对方传达结论时，事先应认清两个问题。首先，对方的 Why So（为何得出该结论），会提问到何种程度；其次，准备怎样的论据和方法，才能回答对方的提问。

以第 118 页图 5-2 莉莉化妆品为例，要让对方认同"主力化妆品业务日趋衰落，健康食品和珠宝业务也面临严峻挑战"的结论，须判断是让对方了解各项业务的整体情况即只到第 2 层即可，还是要详细说明各项业务的具体内容即到第3层。如果你是下达指示的领导，一定认为阐述第3层论据是必要的。

再比如，假设你所在的公司正在全面推广"提高生产效率的运动"，而你是该项目推进小组的成员。项目组多次讨论如何推进该运动，终于达成一致。具体该如何向全公司传达？首先，是以各分公司总经理及销售经理、总部各部部长为对象，说明整体情况——"为何要提高生产效率"；其次，由各负责人在部门内部推广普及。虽然此次运动旨在于全公司推广普及如何提升生产效率，但具体任务必须落实到分公司和销售部门人员身上，这实际为销售人员增加了巨大负担。分公司总经理及销售经理察觉这一点后，不少人觉得为难，"为何每次都由销售部门实施令人感到痛苦的粗暴式改革""究竟该如何向一线工作人员说明此次运动？"。

在这种状况下，要想让分公司总经理和销售经理认可"现在的关键在于提高生产效率"，就必须准备充分的、层次分明的论据，以确保能够回答分公司总经理和销售经理的 Why So。相反，对于侧面支持销售部门提高生产效率的本部职能部门各部部长，则无须展示营业功能方面的具体论据。

综上所述，当你向对方提示自己的结论时，应先设想对方会针对哪些内容、提出何种程度的 Why So，再事先准备恰当的、层次分明的论据及方法，以确保能够回答 Why So。

我们经常听到这样的声音："用一句话概括，敝公司的内部报告是又臭又长。想让人了解讨论了多少内容，恨不得把全部都塞进报告，可究竟想表达什么，却让人不明所以。"我们能充分理解"想把自己付出的成果全部写进报告"的心情，但传达方更应该让对方获得简明易懂的沟通。于对方而言，过多的分层显得冗余。传达方应下狠心删除画蛇添足的部分。

当然，有时你也很难知晓对方会提问"Why So"到何种程度。这种情形下，对方大多是对双方的沟通不感兴趣，或者理解程度极低。这时，不能太过贪心。作为此次沟通的传达方，你首先要思考究竟想让对方理解到何种程度。从这个视角出发，就能判断分层的层级数量。

横向上，应该分成几个 MECE

那么，从横向上，分解成几个 MECE 为佳？在图 5-1 的逻辑结构中，第 2 层、第 3 层、第 4 层从横向上都分解成了 3 项，当然并不是说仅局限于 3 项。图 5-2 莉莉化妆品案例的第 3 层，将化妆品业务、健康食品业务、珠宝业务分别划分了 2 项、3 项、4 项论据。作为大致标准，笔者认为逻辑结构同一层级内的要素数量最好控制在 4 个或 5 个以下。

这是因为终极目标不是为了追求细致的 MECE 分类，而是将数量庞大的论据或方法归类为不重复、不遗漏、不离题的分组，并向沟通对象提供简明易懂的整体概念。

例如，让我们比较图 5-3 与图 5-4 的说明部分。对于结论"猫粮市场在各方面都出现了巨大变化"，图 5-3 是想运用 7 项论据进行说明——"之所以如此，是因为市场规模……；市场上流通的商品数量是……；养猫的家庭数量是……；每位猫主人购买猫粮的金额是……；爱猫之人对于宠物猫的健康观是……；近来受欢迎的猫品种特征是……；热销商品的种类是……"如果你属于接收说明的一方，结果会如何？在思考猫粮市场时，即便这 7 项论据是不重复、不遗漏、不离题的 MECE 要素，但由于你不具备传达方那般充足的经验知识，因此留在你脑海中的只能是早就关注的点或者恰好让你感觉印象深刻的内容。

猫粮市场的变化……

首先：市场规模……

其次：市场上流通的商品数量是……

再次：养猫的家庭数量是……

再加上：每位猫主人购买猫粮的金额是……

那么：爱猫之人对于宠物猫的健康观是……

此外：近来受欢迎的猫品种特征是……

因此：热销商品的种类是……

图 5-3　罗列 7 个要素的案例

图 5-4　将 7 个要素分组的案例

如图 5-4 所示，如果将 7 项论据按照"量和质"的 MECE 切入点进行分组，从这两个观点展开说明，结果会如何？例如，我们把 7 项论据分为"量小组"和"质小组"，并对每个小组进行 So What，经总结得出："从量上来看，在整个宠物食品市场上，猫粮市场是唯一持续增长并且每位猫主人的购买金额也保持增长的细分市场；从质上来看，在猫粮市场上，由于猫咪爱好者对于宠物猫的健康意识日趋高涨，因此营养型猫粮成为热销商品。"

如此，在听取（或读到）7条详细信息之前，你就能在脑海中按照"质和量"搭建出两个整理框架，并能做到不重复、不遗漏、不离题。另外，你在这两个框架中整理7项论据，还能更容易整体把握传达方的论点。

列举过多的论据和方法，会造成沟通对象在读到、听取信息至结尾时，已经遗忘起初获知的要素。若要让对方领会你的结论，列举过多的要素绝不是上策。提示标准少于或等于4或5项论据，更便于对方理解你的论点。

当自己是沟通的接收方时，人人都拥有上述认识。可一旦变成传达方，很多人就会过度期待对方能自行理解。

当你想把论据和方法分解得更细致，以至于竟总结出7个乃至8个要素时，请务必确认是否存在MECE切入点，以便能将这些要素再进一步合并分组。

第六章 掌握逻辑模式

在理解第五章的逻辑基本结构之后,我们终于迎来逻辑的建构。读者也许会心生疑虑:"这组基本结构果真能适用于所有场合吗?"答案是肯定的。在实际建构逻辑时,存在两种基本模式——"并列型"与"解说型",可分别使用,也可组合并用。下面介绍这两种模式的各自特征和适用场景。

1. 并列型逻辑模式

并列型结构

并列型逻辑模式也可以称作基本结构本身。如图 6-1 所示,一方面,并列型逻辑模式以结论为顶点,支撑结论的多个论据或实现结论的方法(当结论是要采取某项行动时),在纵向上以 So What / Why So(究竟结论是什么?为何得出该结论?)的关系形成层级。另一方面,在横向上,同一层级内的论据或方法互为 MECE(不重复、不遗漏、不离题)关系,呈现结构化表达。图 6-1 中的纵向层级只有一层,但也可以包含多个层级。横向上既可排列两个论据,也能

```
              问题
               ↕

            ┌────────┐
            │  结论   │         纵向原则
            └────────┘         上位要素是对下位要
                              素进行 So What 的结
    ↑ So What    Why So ↓      果；下位要素是向上
                              位要素询问 Why So
  ┌────┐  ┌────┐  ┌────┐      时的解答。
  │    │  │    │  │    │
  └────┘  └────┘  └────┘

  ←─────── MECE ───────→

  横向原则
  对于上位要素而言，位于同一层级内
  的多个要素应为 MECE 关系。
```

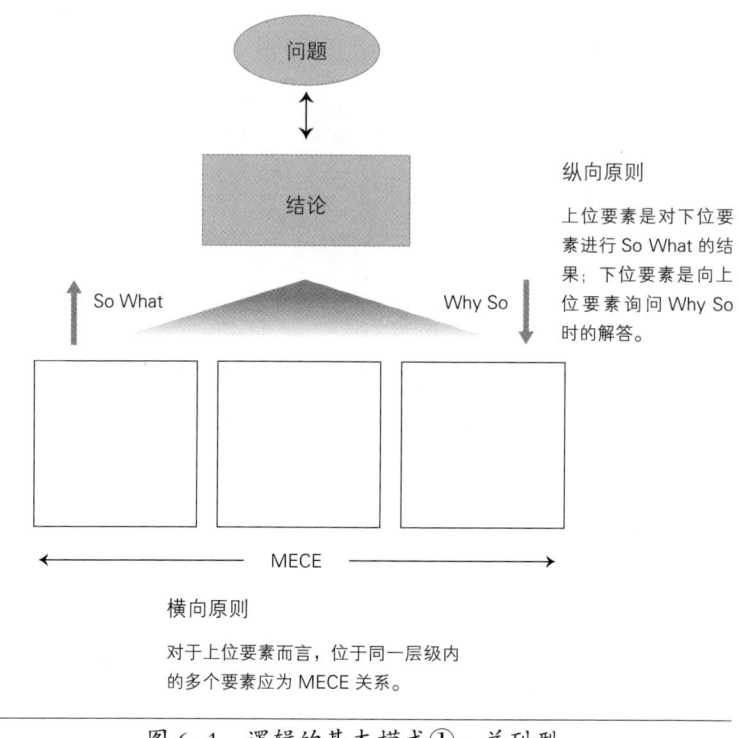

图 6-1　逻辑的基本模式①：并列型

排列四个论据。

下面根据图 6-2 和图 6-3，考察并列型模式下的逻辑建构。顺便说一句，本书第五章图 5-2 "莉莉化妆品的案例"采用的即是并列型逻辑模式。

如图 6-2 和图 6-3 所示，该公司是一家向各类销售渠道提供商品的消费品厂家。日前，由于销售渠道管理不善，该公司在量贩店渠道中的核心商品出现了残次品。公司的事故应急部门如何处理此次残次品事故？如何具体推进问题的解决？图 6-2 和图 6-3 是围绕这些问题的思考而形成的并列型逻辑结构。

论据并列

该逻辑结构的问题为"对于量贩店渠道管理不善导致核心产品 LX-20 出现残次品这一事故，本公司该如何处理？"，结论为"鉴于事故对市场、竞争对手、渠道和公司自身的影响，本公司将重新审视所有渠道的管理体制，向大众宣传公司产品的安全性"。之后，当被追问 Why So——"为什么得出这一结论"，答案是从"市场、竞争对手、渠道、公司自身"四个视角给出的论据。市场（Customer）、竞争对手（Competitor）、渠道（Channel）、公司（Company）——这 4C 是根据 MECE 分析法来把握某种业务现状的切入点之一。如此，在从对方的角度观察时，这种逻辑结构立足于不重复、不遗漏、不离题的广阔视野提出论据，能够得出具有说服力的结论。

通过整体考察四条论据，还可推导出"观察型"So What，即"此次发生的残次品事故导致客户和渠道远离公司，而这可能进一步成为波及全公司的大问题"。要想找到更深层的解决方案，只要进一步对此进行"洞察型"So What 追问，即可形成最终结论。

方法并列

图 6-3 是在对方认可图 6-2 结论的基础上，进一步挖掘问题形成的逻辑建构案例，目的是给出"处理残次品事故，具体该如何推进"的答案，即采取行动——"本公司和渠道方建立联合行动机制，扎实推进双方的行动，重新确认所有渠道的管理体制，全力向大众宣传产品的安全性"。该图采用的逻辑结构是通过列举行动的具体

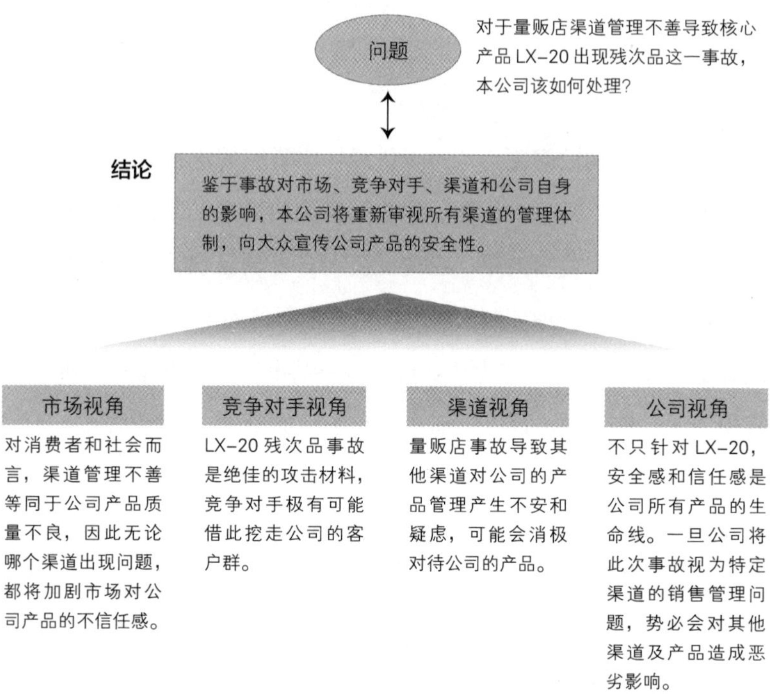

```
                        ┌──────┐      对于量贩店渠道管理不善导致核心
                        │ 问题 │      产品 LX-20 出现残次品这一事故,
                        └──────┘      本公司该如何处理?
                            ↕

    结论      ┌────────────────────────────────────────┐
              │ 鉴于事故对市场、竞争对手、渠道和公司自身 │
              │ 的影响,本公司将重新审视所有渠道的管理体 │
              │ 制,向大众宣传公司产品的安全性。         │
              └────────────────────────────────────────┘
```

市场视角	竞争对手视角	渠道视角	公司视角
对消费者和社会而言,渠道管理不善等同于公司产品质量不良,因此无论哪个渠道出现问题,都将加剧市场对公司产品的不信任感。	LX-20 残次品事故是绝佳的攻击材料,竞争对手极有可能借此挖走公司的客户群。	量贩店事故导致其他渠道对公司的产品管理产生不安和疑虑,可能会消极对待公司的产品。	不只针对 LX-20,安全感和信任感是公司所有产品的生命线。一旦公司将此次事故视为特定渠道的销售管理问题,势必会对其他渠道及产品造成恶劣影响。

图 6-2　论据并列型案例

方法来说明结论。

在上述案例中,结论中的"双方联合开展活动"具体是指"渠道管理体制的确认"和"全力向大众宣传产品安全性"这两项活动。该图通过说明两项活动的实施方法,为得出结论预备了 MECE 式的分析模式。

如上所述,在运用并列型逻辑模式生成结论和方法的关系时,结论下方的要素是对 Why So 的回答,即为何能采取这些行动的回答(具体做法)。此外,对两个方法进行 So What 追问,得到的依

```
                            问题        本公司该如何重新确认所有渠道的
                                        管理体制，如何全力向大众宣传产
                                        品的安全性？

         结论    本公司和渠道方建立联合行动机制，
                 扎实推进双方的行动，重新确认所有
                 渠道的管理体制，全力向大众宣传产
                 品的安全性。


         重新确认所有渠道管理        向大众全力宣传产品
            体制的实施方法             安全性的实施方法

         本着提升质量管理水平而非核    公司和渠道方携手在各店铺开
         查渠道的目的，公司与渠道方    展质量保障方面的商业宣传活
         成立联合项目组，在1个月内     动，并在报纸和杂志上刊登联
         查明问题并提出改善对策。      合广告。
```

图 6-3　方法并列型案例

然是结论。这两种逻辑关系都成立。

图 6-2 和图 6-3 的逻辑结构层级都只有两层，但如果需要对结论做出更详细的说明，可运用并列型逻辑模式在第二层下方进一步分层。如图 6-3 所示，并列型模式分层越多，越需要提示个别的、具体的实施方法。

综上所述，并列型逻辑模式是根据 MECE 式论据和方法得出结论的一种模式，具有非常简洁和明快的结构特征。

使用注意事项

论据和方法都符合 MECE

并列型逻辑结构具备说服力的根源在于，导出结论的论据和方法采用 MECE 方式展开，不重复、不遗漏、不离题。图 6-4 的结论与图 6-2 类似，论据由市场、消费者、产品、公司四点构成。但仔细阅读即可知，产品层面的论据涉及竞争对手和自家公司两方的产品，与基于公司自身视角的论据重复。同样，基于市场视角的论据

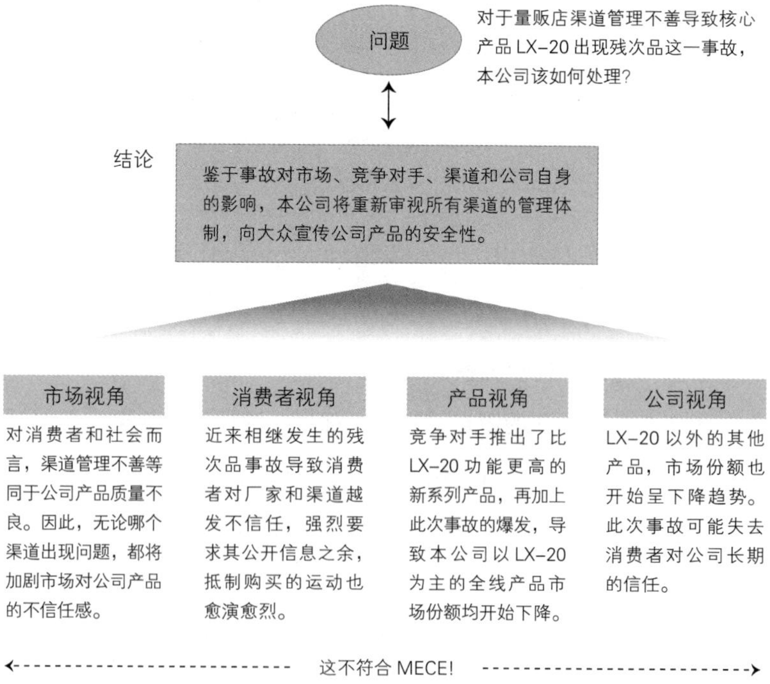

问题：对于量贩店渠道管理不善导致核心产品 LX-20 出现残次品这一事故，本公司该如何处理？

结论：鉴于事故对市场、竞争对手、渠道和公司自身的影响，本公司将重新审视所有渠道的管理体制，向大众宣传公司产品的安全性。

市场视角	消费者视角	产品视角	公司视角
对消费者和社会而言，渠道管理不善等同于公司产品质量不良。因此，无论哪个渠道出现问题，都将加剧市场对公司产品的不信任感。	近来相继发生的残次品事故导致消费者对厂家和渠道越发不信任，强烈要求其公开信息之余，抵制购买的运动也愈演愈烈。	竞争对手推出了比 LX-20 功能更高的新系列产品，再加上此次事故的爆发，导致本公司以 LX-20 为主的全线产品市场份额均开始下降。	LX-20 以外的其他产品，市场份额也开始呈下降趋势。此次事故可能失去消费者对公司长期的信任。

这不符合 MECE！

图 6-4　错误的论据并列型案例

与基于消费者视角的论据之间的边界模糊，内容也存在重复问题。另外，图 6-4 将导出结论的所需要素分为四项，即市场、消费者、产品、公司。对此，若要说它全无遗漏，恐怕也不尽然。比如，实际上欠缺"竞争企业如何""销售渠道如何"等要素。因此，即使展示以上四项论据，沟通对象依旧会感到存在重复和遗漏，无法认同结论。

使用并列型逻辑模式需要注意，在推导问题的结论时，应当具备足够开阔的视野，确保论据和方法以 MECE 方式展开，做到不重复、不遗漏、不离题。

可说服对方的、恰当的 MECE 切入点

在说明同一结论时，MECE 式论据的构成方法是否只有一种？事实恐怕并非如此。

例如，针对"本公司是否应开展业务外包工作"的问题，如何创建结论"应开展业务外包工作"及其论据的逻辑结构？下面通过图 6-5 加以确认。

案例 A 和案例 B 的两项论据都符合 MECE 原则。

换而言之，MECE 式论据可以同时存在多组。这时，要从最能让对方正确理解己方结论的视角出发，选择符合 MECE 式论据的组合。

在这则事例中，"采取外包形式，不仅对提供该项业务的部门，而且对服务的接受方也大有裨益，比如可以提高质量、加快速度等"——在试图说服对方时，如果强调这一点是上上之策，那么案例 A 就是恰当的。

此外，如果对方特别关注开展外包业务的优缺点，尤其对缺点分外敏感而导致迟迟无法下定决心，又会如何？这种场合应该选择案例 B 的逻辑结构，这能让对方清楚地意识到不外包的缺点远大于外包的缺点。

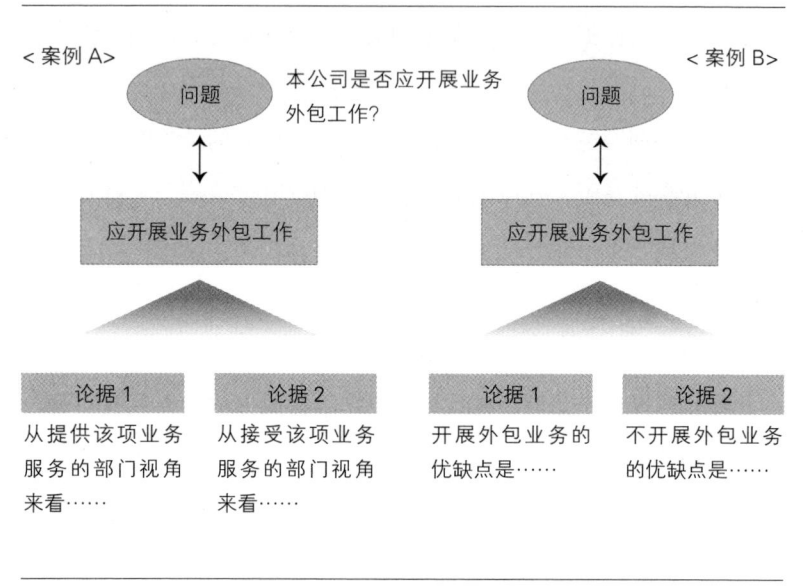

```
<案例 A>                  本公司是否应开展业务          <案例 B>
  问题                      外包工作？                    问题
   ↕                                                      ↕
应开展业务外包工作                              应开展业务外包工作

  论据 1        论据 2              论据 1           论据 2
从提供该项业务  从接受该项业务      开展外包业务的    不开展外包业务
服务的部门视角  服务的部门视角      优缺点是……        的优缺点是……
来看……          来看……
```

图 6-5　MECE 式论据可能存在多种组合

适用场合

并列型的逻辑结构极其简单。如果遵守使用注意事项，正确创建逻辑结构，对方就会很容易理解这一结构。它尤其适用于以下场合。

· 对于问题和主题，对方不够了解或缺乏兴趣，而你想简洁地展示自己论点的整体情况。
- 对于联络和确认决议事项等与对方没有讨论余地的这类结论，你想简洁地将内容的整体情况展示给对方。
- 当你强调自己的思考、讨论和补充内容中不存在重复、遗漏和离题，并想说服对方时。

2. 解说型逻辑模式

解说型结构
--------→

另一种逻辑基本模式是解说型。其结构如图6-6所示，在纵向上，结论以及对其加以支撑的多个论据形成类似并列型的关系。另外，多个论据经常包含三项要素，在横向上按如下顺序排列：事实、判断标准、判断内容。下面通过比较图6-1并列型和图6-6解说型，帮助大家在脑海中勾勒两者的区别。

- 为了推导问题结论，需要与对方共同分享的"事实"。
- 传达方从"事实"中提炼推导结论的"判断标准"。
- 如何评价基于"判断标准"与"事实"得出的结果——"判断内容"。

上述三项要素是支持结论的论据。从MECE的角度看，可划分为"事实""判断标准"及"判断内容"。前者是客观论据，后

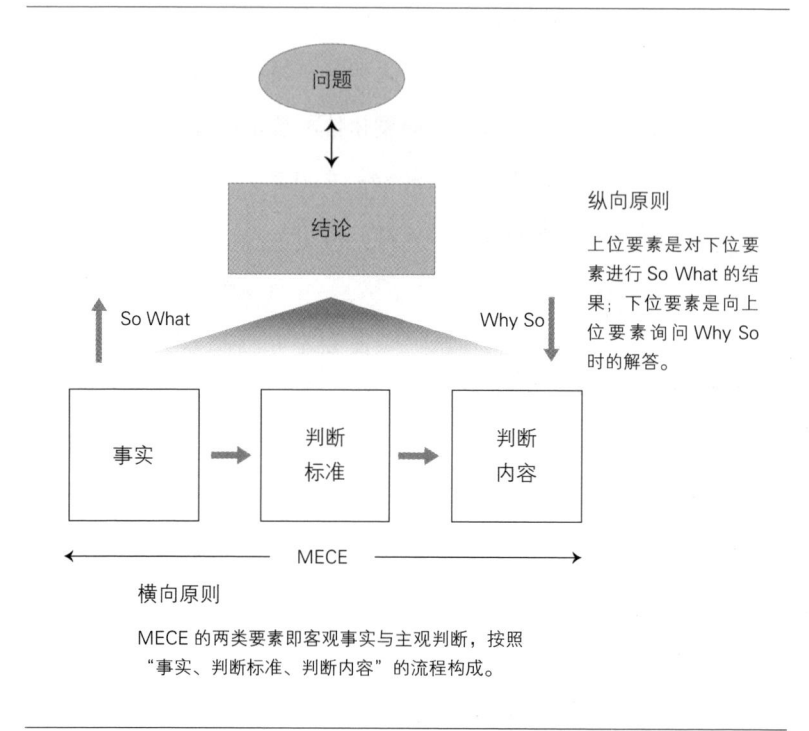

```
                    ┌──────┐
                    │ 问题 │
                    └──────┘
                       ↕
                  ┌──────────┐                  纵向原则
                  │   结论   │                  上位要素是对下位要
                  └──────────┘                  素进行 So What 的结
          ↑                      ↓              果；下位要素是向上
       So What              Why So              位要素询问 Why So
                                                时的解答。
    ┌──────┐    ┌──────┐    ┌──────┐
    │ 事实 │ →  │ 判断 │ →  │ 判断 │
    │      │    │ 标准 │    │ 内容 │
    └──────┘    └──────┘    └──────┘
    ←─────────── MECE ───────────→
      横向原则

    MECE 的两类要素即客观事实与主观判断，按照
    "事实、判断标准、判断内容"的流程构成。
```

图 6-6　逻辑的基本模式②：解说型

两者是主观论据。

下面根据图 6-7 和图 6-8，阐述运用解说型逻辑模式创建逻辑结构的案例。与图 6-2、图 6-3 相同，这里也使用某消费品厂家处理残次品事故的案例。

解说论据

图 6-7 逻辑结构成立的前提即问题为"该如何处理残次品事故"，结论为"公司从把残次品事故的影响降到最低的角度出发，

重新审视所有渠道的管理体制，向大众宣传公司产品的安全性"。

在解说型模式下说明上述结论时，首先要阐述本公司目前面临的"事实"（状况）。所谓"事实"，是指不含传达者的主观认识，对传达者和接收者双方而言均具客观性的内容。在此，图6-7针对第二层"事实"询问Why So，而为了能做出解答，图中第三层从4C（市场、竞争对手、公司、渠道）出发形成四条论据，组成并列型结构。如上所述，第一步是和对方就客观现状达成共识。

其次，论据的第二项要素是叙述判断标准，即公司以何种视角处理残次品事故。换言之，为了导出结论，需在最初陈述的状况中，提示传达者将采取的思路。在此，图中提示的内容为"由于残次品出自核心产品，因此应当从把事故的影响降到最低的角度加以应对"。若非核心产品出问题，也可将标准设定为"最大限度控制处理成本"。

最后，论据的第三项要素需要说明判断的内容，即按照判断标准比对实际情况，能做出何种判断。图6-7中支撑结论的判断内容包括：应该"重新审视所有渠道的管理体制，防止事故再次发生""向大众宣传产品的安全性"。

事实、判断标准、判断内容这三项论据，是对结论提出Why So时的回答；反之，对这三者进行So What追问，得到的是结论。

解说方法

这里假设图6-7的结论已经得到对方的认同。图6-8在此基础上将问题设定为"处理残次品事故，具体该如何推进"，并创建逻辑结构对其加以回答。相同之处在于，图6-8与图6-3（方法并列型）

| | 问题 | 对于量贩店渠道管理不善导致核心产品 LX-20 出现残次品这一事故，本公司该如何处理？ |

第 1 层

| 结论 | 公司从把残次品事故的影响降到最低的角度出发，重新审视所有渠道的管理体制，向大众宣传公司产品的安全性。 |

第 2 层

事实	判断标准	判断内容
量贩店管理不善不仅造成 LX-20 销量不振，也会加剧消费者和渠道对公司其他渠道以及其他产品的不信任感。	鉴于 LX-20 是本公司的核心产品，因此不能仅针对该渠道和该产品，而应该站在把对全公司的影响降到最低的角度解决问题。	本公司不仅针对量贩店，将重新审视所有渠道、所有商品的商品管理和销售体制，以期防止事故再次发生。同时，公司将面向更多的消费者宣传产品的安全性，以防止无谓的猜测。

第 3 层

市场视角	竞争对手视角	渠道视角	公司视角
消费者不关心缺陷是来自渠道管理或是产品。重要的是消费者对产品的不信任感，将导致消费者日趋远离公司产品。	竞争对手陆续投入 LX-20 的同类型产品，趁着 LX-20 销售不振，展开推销攻势。	量贩店以外的渠道，如便利店等，经营 LX-20 的态度变得慎重起来，这一趋势也强烈影响到了公司的其他产品。	自占公司销售额 60% 的核心产品 LX-20 发生量贩店残次品事故以来，其他渠道以及其他产品也纷纷收到不信任的呼声。实际上，产品和渠道方的销售都呈下降趋势。

图 6-7　论据解说型案例

的问题相同，结论"本公司与渠道方在联合机制下共同开展活动"也相同。

那么，方法解说型的图6-8与方法并列型的图6-3的区别何在？并列型的图6-3是从实施方法（如何实施？）这一角度出发，说明"本公司与渠道方在联合行动机制下共同开展活动"的结论。确实，组建强化管理体制的共同项目、开展联合促销和联名广告，貌似能够实现"本公司与渠道方在联合行动机制下共同开展活动"的结论。

但是，"联合行动机制"果真就好吗？事实上存在各种各样的做法，如可以完全托付给渠道方，也可全由公司自己来做。若你必须说服对方"组建联合行动机制更好"，则须说明选取这一方法的理由。这时，就要使用方法解说型。换而言之，若实现结论的行动方法存在若干种，但你需要表达某一具体方法的合理性——"你认为哪种方法是好的？为什么？"，这时就要建构如图6-8即方法解说型的逻辑。

首先，作为"事实"，列举你能想到的处理残次品事故的所有方法。根据主体不同，在此列举四种处理方法：公司主体、渠道主体、双方联合、双方分担。其次，阐述判断标准：在四个备选方案中，应该以怎样的标准评价、选择此次的处理方法。标准包含两点：标准A，若本公司承担全部责任，将受到消费者和市场的好评；标准B，该方法不限于处理此次丑闻事件，还要能进一步强化与渠道之间的关系。紧接着，用这两条标准，评价最初列举的四项替代方案，得到的判断内容为第三项论据。结论为"<u>从获取消费者和市场的好评以及进一步强化与渠道关系的观点来看，公司和渠道方将在联合行动机制下，一同审视各渠道的管理体制，并全力宣</u>

```
                    ┌──────┐      关于再次确认所有渠道的管理体
                    │ 问题 │      制及向大众普及产品安全性，本
                    └──┬───┘      公司该如何推行？
                       ↕
         ┌─────┐  ┌────────────────────────────┐
         │结论 │  │ 从获取消费者和市场的好评以及进一步强化
         └─────┘  │ 与渠道关系的观点来看，公司和渠道方将在
                  │ 联合行动机制下，一同审视各渠道的管理体
                  │ 制，并全力宣传产品的安全性。
                  └────────────────────────────┘
```

事实	判断标准	判断内容
推行"重新审视所有渠道的管理体制，并全力宣传产品的安全性"这两项活动，大致有以下四种做法。 ①两项活动都由本公司作为实施主体。 ②两项活动全部委托给渠道方，令其推进。 ③两项活动都在本公司和渠道缔结的共同体制下，加以推进。 ④本公司与渠道方分担两项活动。	从以下两点出发，思考应对之策。 A 承担作为厂商的全部责任，受到消费者和市场的好评。 B 不限于此次丑闻事件的处理，还要进一步强化与渠道的关系。	①对于标准A，由于事故直接原因出在渠道，因此如果渠道方不积极参与，那么厂商在渠道管理方面一定会收获负面印象。此外，标准B也无法达成。 ②对于标准A，公众极可能认为厂商放弃了自己应承担的责任。标准B施加给渠道方的负担重，容易造成双方之间的隔阂。 ③对于标准A，由于是渠道和公司共同执行对策，因此易于被公众接受。对于标准B，双方在协作的过程中，能找到今后合作需改善的问题点以及新的商业机会。 ④对于标准A，很难找出两项活动中的一致性和统一性。对于标准B，效果也是有限的。 分析以上观点，③更令人期待。

图 6-8　方法解说型案例

传产品的安全性",其中涵盖判断标准即下划线部分,同时暗示论点为"为何采取联合行动机制"。

这一案例只在第二层这一个层级对结论进行了解说,如果要对结论做出更为详细的说明,可在第三层通过组合并列型进一步分层。

综上所述,解说型明确划分两部分内容,其一是把支撑结论的论据作为客观状况,其二是把引出结论的判断标准和判断内容作为主观认识。因此,在共享客观事实的基础上,强调传达者的逻辑"思路"是一大特征。在向对方展示"为什么得出这一结论"的自我思路时,解说型是较为有效的逻辑结构。

使用注意事项

正确的"事实"

解说型是以"事实"为起点,说明结论。为了建构起具备说服力的解说型逻辑,首先要向对方传达正确的"事实",让其理解"原来如此,事实已经变化至此"或者"确实如此",使对方处于你的说明"平台"上。从对方的角度看,如果对方认为"你对事实的认识存在重大误判"或者"与其说这是事实,不如说是你个人的主观看法",那就很难说服对方。

遗憾的是,以下情形极其常见:在做汇报或会议场合的说明会和讨论会上,传达者在讲述最想传达的重要结论之前,大谈特谈现状认识和前提条件,几乎耗尽了整个会议时间。

为避免这种情况发生,需要采用MECE的方式提前整理"事实"内容。如图6-7所示,把"事实"部分作为第三层,运用并列型模式进行整理和分层。

明确判断标准，确保内容恰当

建构解说型逻辑的关键在于，用于推导结论的"判断标准"应满足以下两个条件：

- 判断标准明确。
- 该判断标准作为推导目前所设定（或自己设定）问题（主题）的答案，从对方的角度看，也是恰当的。

从事编辑这项工作，使得笔者在日常工作中要阅读各类原稿，从中我吃惊地发现，它们仅展示判断结果，却不展示判断标准。而且类似的沟通，并不只存在于商业类文书中。

例如，假设你需要使用复印或装订等办公服务，于是向过去一直使用的公司下达订单需求。此前，对方两个工作日就能完工。这次，你同样以约定俗成的两天为工期发出委托，然而新来的业务员却说"这种业务需要四天工期"。你咨询他与前任负责人的不同之处，意欲知道哪种情形需要两天，哪种需要四天——对方却全然不知，这着实令人难以释然。笔者相信，读者一定有过类似的经历。

既然要给出结论，传达者就应当设定某种标准。只有清晰地展示标准，让对方理解，才能获得对方的认可。笔者曾向此前就职于某金融机构、负责融资的商务人员谈起这件事。他的反应是："在拒绝客户融资时，直接表明对方是否符合融资标准，绝非轻而易举。"

果真如此吗？从客户的立场而言，让人出乎意料的、坦率的判断标准不仅令人信服，同时还能及早探讨银行以外的其他渠道融资，进而展开切实应对。例如，在顾客与企业等买方和卖方，或者医疗服务等受益者和提供者之间，曾经存在压倒性的信息差距。但在互联网等信息通信技术不断革新的背景下，这种差距正在迅速缩小。客户和服务的接受者获得大量优质信息之后，势必会自行加以整理。过去，模糊的标准就能让对方点头答应；今后，标准若不明确恐怕很难让对方同意。

更进一步，站在对方的角度看，判断标准还必须是恰当的。否则，无论你如何努力展示标准，对方也不会认同。

例如，图6-8的残次品事故若发生在食品公司，食物中毒导致出现受害者，这时该如何处理？即便纠纷属性相同，但在建构逻辑、宣传公司态度时，图6-8的逻辑恐难令世人认可。这时，如何回应受害者？——从这一视角出发的判断标准不可或缺。

再比如，假设这是一个电话打不通的场景，那么处理纠纷的标准就必须加入"应急反应（迅速）"才能获得对方认可。设定恰当的判断标准的重点在于充分确认问题（主题）。

"事实、判断标准、判断内容"的流程一致

如图6-7和图6-8所示，要想传达思路，让对方清楚地知道你对照标准做出了哪种判断，关键在于"事实→判断标准→判断内容"这一流程的前后含义要保持一致。笔者在此特别强调一点，读者应当勤于追问自己——对方是否理解这种一致性？

下面以图6-8为例，考察上述问题。这一逻辑结构的问题为"本公司该如何重新审视所有渠道的管理体制，全力向大众宣传产品的安全性"。对此，图6-8从"公司单独实施、完全委托渠道、双方共同分担"等几种方案中选择"共同推进"这一方式，并以此为结论加以说明，属于解说型逻辑结构。在此，所谓"事实→判断标准→判断内容必须前后一致"指什么？具体而言，首先，在事实环节说明方法①、方法②、方法③、方法④这四种替代方案；其次，设定判断标准即A和B；最后，在第三条论据即判断内容的部分，提示"运用A和B评价方案①、②、③、④"的结果。图6-8正是如此。

然而，我们经常能在汇报彩排及提案书的草拟等情景中看到以下情形：尽管一开始提示了四项替代方案，但在判断内容部分只提出了传达者最看好的方法①的评价结果；或是虽然在判断标准中设定了A、B两项，但当我们观察其判断内容时却发现要么缺少标准B的评价结果，要么是用第三方标准C所做的评价。这样一来，"事实→判断标准→判断内容"在含义上的流动性就不连贯，使得对方很难产生认同感。

适用场合

解说型把结论的论据分为客观论据（事实）和传达者的主观论据（判断标准和判断内容）。由于它是强调传达者自身思路的逻辑结构，因此更适用于以下场合。

- 通过客观事实达成共识，展示自己的思考流程，意欲向对方强调结论的正当性时。

- 对于自己的思考方法，想得到对方的意见和建议时。
- 从多个替代方案中，想证明自己所选取的替代方案的正确性时。

亲爱的读者，你是否已经掌握了并列型和解说型的概念？说一千道一万，要想熟练掌握二者，首要还是在实践中加以运用。请读者从后面的集中训练开始练习。

专栏

尤须注意自己的专业领域

有时，我们听取对方的说明后却无法释然："也可以那么认为，但真是那样吗？"观察此类案例可以发现，这往往是未明确表示用于推导结论的判断标准所致。

请读者观察以下情形。假设患者拥有基本的医学知识，那么他的推测会是"α 是高密度胆固醇，β 是低密度胆固醇。β 值正常，只是 α 值高，因此自己不会有大问题"。也就是说，他在脑海中自行补充了说明当中漏掉的判断标准来理解结论。但就理论而言，医生的

> 我的胆固醇很高，有必要治疗和改变生活习惯吗？

> 不，不需要。这是因为血液中的胆固醇包括 α、β 两种，你的 α 值比正常值高 30%，β 值是正常的。因此，你的 β 是正常值，α 也没有问题。所以不需要采取特殊治疗或改变生活习惯，维持过去的饮食生活和运动量就可以了。

结论即便依据其他标准也能成立。例如，"除非 α、β 两者都非正常值，否则在医学上就没什么问题，不需要特殊处理"，在这种标准下应该也行得通。

除非明确表示判断标准，否则不具备熟识经验的对方无法理解结论。又或者，对方也可能随意设想一个完全不同于传达者标准的内容，曲解结论。无论哪种情形，对方都没有正确理解结论，从而导致在遭遇相似事态时，无法正确反应，总是反复提出相同的问题。

越是传达者的专业领域或经验丰富的领域，由于传达者太过清楚内容本身，越容易出现判断标准不够清晰的情形。请广大读者一定确认，于对方而言，你所准备的作为论据的要素，是否充分表明了判断标准。

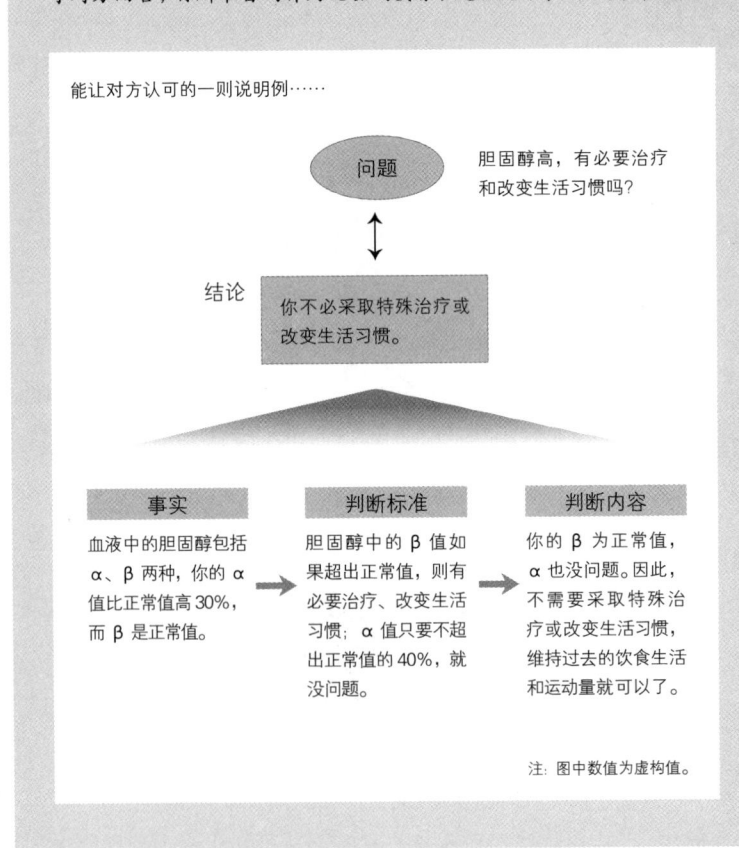

能让对方认可的一则说明例……

问题：胆固醇高，有必要治疗和改变生活习惯吗？

结论：你不必采取特殊治疗或改变生活习惯。

事实	判断标准	判断内容
血液中的胆固醇包括 α、β 两种，你的 α 值比正常值高 30%，而 β 是正常值。	胆固醇中的 β 值如果超出正常值，则有必要治疗、改变生活习惯；α 值只要不超出正常值的 40%，就没问题。	你的 β 为正常值，α 也没问题。因此，不需要采取特殊治疗或改变生活习惯，维持过去的饮食生活和运动量就可以了。

注：图中数值为虚构值。

集中练习3

1 掌握基本的逻辑模式

下面进行并列型和解说型的基本练习。

例题

这家食品公司的意大利面酱事业部近来受减肥风潮的影响,提出以减肥为切入点探讨产品商业化的方案,并组成了项目小组。小组将讨论内容依次向事业部长做了汇报。汇报内容逻辑严谨,简明易懂。

请在下图 A、B、C 的空白处,试着加入①~⑤中的内容,形成正确的逻辑模式。

思路与案例解析

第一步 确认逻辑模式的类型

正如读者所见,该图属于并列型的逻辑模式。假设没有如下的图表化处理,但由于它的逻辑是为了说明现状(事实),因此应使用的逻辑模式依然是并列型。换言之,它不符合设定判断标准、判断某事的解说型。

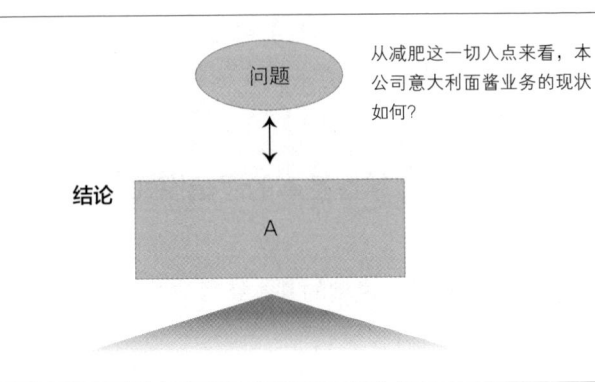

```
                    ┌──────┐
                    │ 问题 │      从减肥这一切入点来看，本
                    └──────┘      公司意大利面酱业务的现状
                       ↕          如何？

         结论    ┌────────────────────────┐
                 │           A            │
                 └────────────────────────┘
```

市场上，减肥导向已经渗透到各年龄层，市场规模巨大。更进一步，人们追求的是"健康减肥"，而非"纯粹意义上的瘦"。使用者对已有减肥食品的不满情绪日益强烈导致顾客对现有产品认可度不高。此外，对主要减肥群体即二十多岁、三十多岁的人而言，意大利面已经成为他们固定的日常饮食。	B	C

① 细致分析本公司的强项，可列举以下几点。首先，去年取得专利的配方香料具备减肥效果，吸引了专家们的注意力。其次，近来其他业务部门开发出以"时髦、减肥"为概念的产品。最后，作为日常饮食品牌，受到市场好评，确立了成本竞争力。

② 各公司提供的减肥食品大多是零食类或转化药品，多用于治疗。进展至此，不少食品厂家开始讨论、关注这一市场。

③ 以意大利面为主食，正常进食却拥有减重效果的"芭蕾舞演员减肥法"在二三十岁的引领者群体中，呈爆炸性趋势蔓延开来，意大利面逐渐成为一款日常饮食。

④ 从减肥这一切入点观察市场，预估市场庞大。此外，消费者并非追求瘦身，而是寻求"每天可以轻松享用的新潮减肥食品"。对此，各大竞争公司同质化严重，而本公司拥有包括香料专利在内的若干优势。

⑤ 在意大利面酱市场上，本公司的商品作为大多数人都食用过的、满足日常基本需求的、价格适当的日常饮食品牌，备受好评，成本竞争力也高。

第二步　选择结论

确认"问题（主题）"，检查哪个结论符合问题"答案"的核心部分。由于问题为"公司意大利面酱事业的现状如何"，因此结论自然应该说明"基于减肥视角的业务现状"。

可能成为结论 A 候补项的是①或④。由于结论 A 与三项论据构成 So What / Why So 的关系，因此结论左侧所述市场方面的论据也必须包含形成 So What / Why So 的要素。④包含市场要素，与左侧论据构成 So What / Why So。但是，结论①中不包含市场要素。因此，结论是④。

第三步　选择论据 B、C

仔细阅读结论④，从纵向的 So What / Why So 中思考论据 B、C 的切入点。除市场要素外，④还包含"多家同等水平的竞争公司""香料、专利等本公司的强项"等要素。因此，为了详细说明这些要素，需要列举切入"竞争公司"和"本公司"的论据。

同时，各论据间的横向关系必须构成 MECE 模式。综合考虑图中左侧市场内容，以及根据纵向原则导出的"竞争公司"和"本公司"这一切入点，可知应立足于对事业现状进行 MECE 式把握的 3C（市场、竞争对手、本公司）立场，准备相关论据。

从这一点出发，观察各选项可知，B、C 包含"竞争"层面的论据②和"本公司"层面的论据①。⑤也是"本公司"的要素，但它与结论④之间不存在 So What / Why So 的关系。

问题 1

请读者从①~④中选择恰当的内容，填到 A 和 B 的空白处，构建正确的逻辑模式。

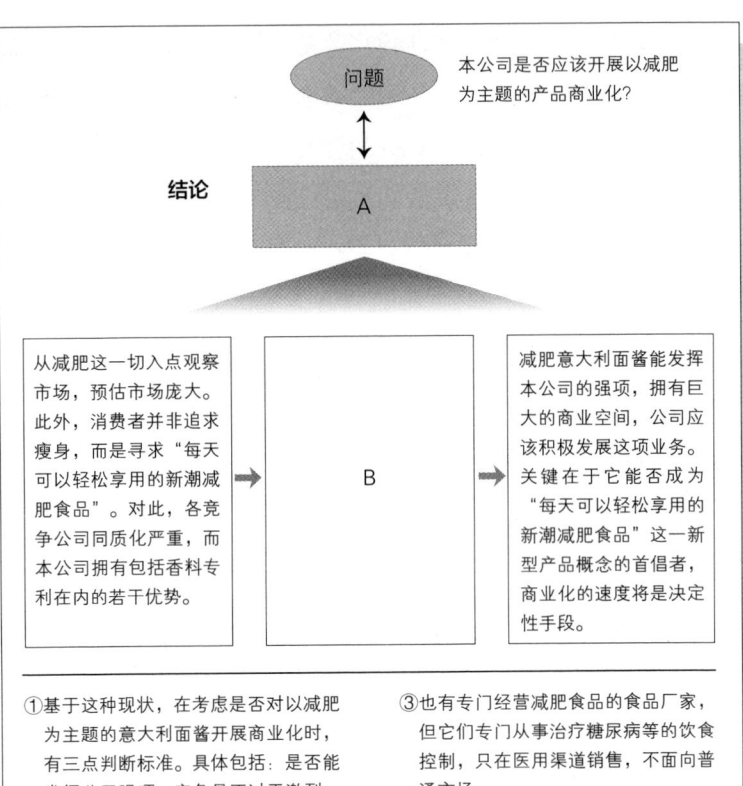

```
                        问题  ← 本公司是否应该开展以减肥
                         ↕     为主题的产品商业化？
              ┌─────────────────────┐
      结论    │          A          │
              └─────────────────────┘
                        ▲
    ┌───────────────┐ ┌───────────────┐ ┌───────────────┐
    │从减肥这一切入 │ │               │ │减肥意大利面酱能│
    │点观察市场，预 │ │               │ │发挥本公司的强项│
    │估市场庞大。此 │ │               │ │，拥有巨大的商业│
    │外，消费者并非 │ │               │ │空间，公司应该积│
    │追求瘦身，而是 │ │               │ │极发展这项业务。│
    │寻求"每天可以 │ → │      B       │ → │关键在于它能否成│
    │轻松享用的新潮 │ │               │ │为"每天可以轻松│
    │减肥食品"。对 │ │               │ │享用的新潮减肥食│
    │此，各竞争公司 │ │               │ │品"这一新型产品│
    │同质化严重，而 │ │               │ │概念的首倡者，商│
    │本公司拥有包括 │ │               │ │业化的速度将是决│
    │香料专利在内的 │ │               │ │定性手段。     │
    │若干优势。     │ │               │ │               │
    └───────────────┘ └───────────────┘ └───────────────┘
```

① 基于这种现状，在考虑是否对以减肥为主题的意大利面酱开展商业化时，有三点判断标准。具体包括：是否能发挥公司强项、竞争是否过于激烈、能否盈利。

② 依靠药物、魔芋、水煮蛋的减肥方法，不可持续，也不健康，且评价不高，因此正常进食、健康瘦身正成为趋势。已有的减肥食品在味道及时尚度方面，令顾客感到高度不满，不会持续选择某个特定品牌。

③ 也有专门经营减肥食品的食品厂家，但它们专门从事治疗糖尿病等的饮食控制，只在医用渠道销售，不面向普通市场。

④ 目前，减肥导向的产品市场还未出现符合需求的商品，未来发展空间巨大。本公司旨在成为"每天可以轻松享用的新潮减肥食品"这一新产品概念的开发者，应该尽早致力于该项业务的商业化。

[提示] 1　哪种结论 A 才能成为问题的核心答案？为了回答"是否应该开展商业化"这一问题，最终可能需要哪种类型的答案？符合条件的选项只有一个。

[提示] 2　该逻辑模式属于解说型。在解说型模式下，各项论据的横向关系为"事实→判断标准→判断内容"。在思考问题之后，你认为相当于判断标准的论据 B 的判断对象是什么？作为 B 的选项，所谓恰当的内容是什么样的内容？

[确认!]　向 B 中加入选项，按顺序排列三项论据，其前后内容是否具备一致性，它们与结论 A 是否构成 So What/Why So 的关系？

问题 2

请读者从①~⑧中选择恰当的内容，填到 A~G 的空白处，构建正确的逻辑模式。

[提示] 1　正如问题所示，这一逻辑模式是说明商业化方法的并列型。

[提示] 2　结论从两个角度说明了商业化的实现路径，它们分别是 A、B 的切入点。

[提示] 3　仔细阅读 A 的选项，假设由你执行 A，那么你打算从哪

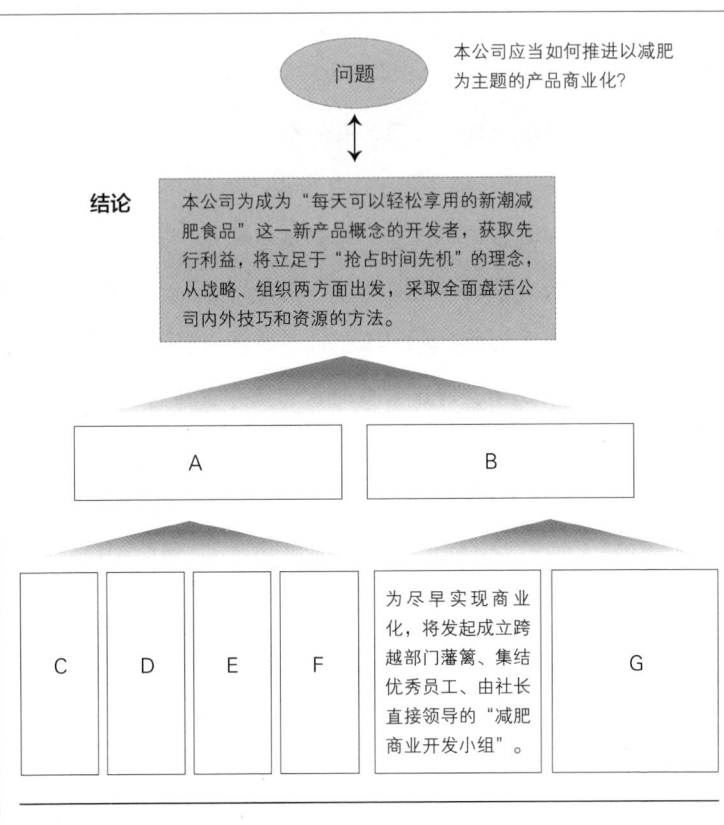

```
                    ┌──────┐        本公司应当如何推进以减肥
                    │ 问题 │        为主题的产品商业化?
                    └──────┘
                        ↕
         ┌─────────────────────────────────────────┐
         │ 本公司为成为"每天可以轻松享用的新潮减   │
  结论   │ 肥食品"这一新产品概念的开发者,获取先    │
         │ 行利益,将立足于"抢占时间先机"的理念,   │
         │ 从战略、组织两方面出发,采取全面盘活公   │
         │ 司内外技巧和资源的方法。                │
         └─────────────────────────────────────────┘
```

```
        ┌─────────┐           ┌─────────┐
        │    A    │           │    B    │
        └─────────┘           └─────────┘
```

```
┌───┐┌───┐┌───┐┌───┐  ┌──────────┐  ┌───┐
│   ││   ││   ││   │  │为尽早实现 │  │   │
│   ││   ││   ││   │  │商业化,将 │  │   │
│ C ││ D ││ E ││ F │  │发起成立跨 │  │ G │
│   ││   ││   ││   │  │越部门藩篱、│  │   │
│   ││   ││   ││   │  │集结优秀员 │  │   │
│   ││   ││   ││   │  │工、由社长 │  │   │
│   ││   ││   ││   │  │直接领导的 │  │   │
│   ││   ││   ││   │  │"减肥商业 │  │   │
│   ││   ││   ││   │  │开发小组"。│  │   │
└───┘└───┘└───┘└───┘  └──────────┘  └───┘
```

①近日,本公司的点心生产部预计发售控制甜度、提倡减肥概念的巴伐利亚奶油糕点,市场营销活动正如火如荼地进行。

②在组织层面,为确保商业化的实现速度,将废除过去产品部门间的垂直拆分系统,实行不折不扣的部门间合作,同时积极起用外部专家。

③关于价格,由于它更多地被当作日常饮食,并且为了防止其他公司仿效,它的价格设定应该参考其他软罐头热销商品的价格,而非意大利面酱的价格。

④为了弥补本公司"时尚度"产品市场营销技巧欠缺的短板,将组织外部专家小组,接受专家指导,直到公司产品踏上正轨为止。对此,公司将不惜一切代价加大投资。

⑤在战略层面,持续发挥公司强项,如成本竞争力等,同时加大力度开展市场营销战略,使消费者认识到公司是新型产品概念的首创者。

⑥关于渠道,以目标顾客群的顾客密度较高的便利店、药妆店为主要渠道。为了不与公司其他产品抢夺顾客,将推动设立新的"减肥食品"陈列专区。

⑦关于营销,为了尽早让消费者形成"减肥意大利面当属阿尔法公司"的认知,在正式发售前,将针对渠道和顾客提前开展试吃活动等。

⑧关于产品,以既有产品"淡味肉酱"为基础,短时间内开发出充分运用公司独有香料的新型烹调法。

个角度了解详细的方法论？请尝试思考 A 的内容性质，并得出与其相关的 MECE 框架。同理，B 会如何？G 中加入哪些要素，才能形成 MECE？

|确认!| 作为说明商业化方法的并列型逻辑模式的选项，不能入选空白栏 A~G 的选项只有一个。它是哪项？原因何在？

2　掌握识别非逻辑内容的本领

街头巷尾充斥着逻辑似有实无、晦涩难懂的文章和口头说明。如果能够熟练运用逻辑模式，它们也能成为富有逻辑、便于理解的内容。

例题

结论：
本公司的健康食品业务正处于极度困境中。具体而言，表现为以下3点。

①市场环境视角
从最近数年消费增长乏力的情况来看，健康食品市场的规模未达到当初预期，已经进入价格竞争阶段。

②商品视角
新的竞争对手向市场投放了高钙意大利面、维他命大米、膳食纤维汤等"注重健康的食品"，且其产品的市场份额不断提升。对此，本公司的主营产品"奇迹×"由于"类似药品"，最近两年一直陷于销售不振的局面。

原本，消费者对于添加各种营养素的"注重健康的食品"的关注度，就要高于作为营养辅助食品而开发出来的"类似药品"的产品。这是渗透到各年龄层的健康热潮所引发的结果。

③公司视角
本公司的主营产品"奇迹×"是使用具有专利的特殊酵母制作而成，尽管取得了一定程度上的产品溢价，但最近两年其销售呈下降趋势，导致公司的整体销售也较为低迷。

此外，近期扩大销路使得部分销售渠道出现抵触《药事法》的销售洽谈，进而发展成与消费者产生纠纷的案件，造成公司的负面形象在顾客中不断传播。

上面文章的写作主题是"本公司健康食品业务的现状报告"，但逻辑并不顺畅。如果是你，该如何调整？请尝试运用逻辑模式，形成正确的逻辑方案。

思路与案例解析

第一步　确认逻辑模式的类型

基于"汇报本公司健康食品业务的现状"这一设定，可知逻辑模式应采用并列型。

第二步　找到正确的 MECE 式论据的切入点

粗略一看，这是一篇论点经过整理的文章，但仔细阅读可发现，①～③所列举的要素，与市场视角、商品视角和公司视角这三项标题不符，存在重复。

②商品视角的后半部分"原本……"，是关于市场质变的描述。因此，它更适合作为市场视角的内容，而非商品视角。

此外，②中"对此，本公司的主营产品'奇迹 x'……一直陷于销售不振的局面"，与③公司视角重复，由于内容来回反复令整体显得不够流畅。

更进一步，按照①市场视角、②商品视角、③公司视角这一区分方法，果真可以把握公司健康食品业务现状的整体情况吗？若你能想到"思考业务现状可知其目前包含市场与公司两项要素，但是否还需加入竞争对手视角"，就表明你已经很大程度上掌握了逻辑沟通的基本动作。运用 MECE 技术可知，②商品视角应该改为竞争对手视角。

如此，支撑结论的论据则为此3C：①市场视角，②竞争对手视角，③公司视角。

第三步　根据3C框架，整理论据要素

在①市场视角、②竞争对手视角、③公司视角的框架中，针对所有要素进行整理并正确分组，可得下图。

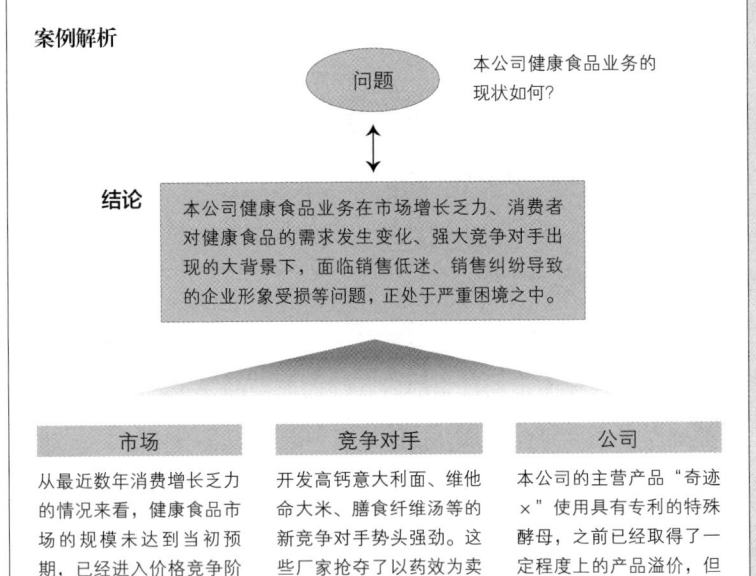

案例解析

问题：本公司健康食品业务的现状如何？

结论：本公司健康食品业务在市场增长乏力、消费者对健康食品的需求发生变化、强大竞争对手出现的大背景下，面临销售低迷、销售纠纷导致的企业形象受损等问题，正处于严重困境之中。

市场

从最近数年消费增长乏力的情况来看，健康食品市场的规模未达到当初预期，已经进入价格竞争阶段。此外，健康热潮渗透到各年龄段，人们认为健康食品不应当是"类似药品"的营养辅助食品，对"注重健康的食品"的关注度高涨。

竞争对手

开发高钙意大利面、维他命大米、膳食纤维汤等的新竞争对手势头强劲。这些厂家抢夺了以药效为卖点、提供片剂类营养辅助食品的老牌厂家的市场占有率，提升了自身的市场地位。

公司

本公司的主营产品"奇迹×"使用具有专利的特殊酵母，之前已经取得了一定程度上的产品溢价，但最近两年销售呈下降趋势，结果导致公司的整体销售也较为低迷。

第四步　对论据进行 So What / Why So

需要检查以上整理的三项论据和结论，是否为 So What / Why So 关系，确认逻辑结构是否正确。

问题 1

> **结论：**
> Kids Champ 在市场营销的各个层面，盘活现有业务，尽全力回应父母的需求。主要因素可归结为以下 3 点。
>
> • 因素 1：
> 　　少子化使父母的精力集中于一两个孩子身上，婴幼儿教育热度持续高涨的同时，兼顾工作的母亲人数也急剧增加。
>
> • 因素 2：
> 　　为了让那些苦于与孩子沟通的父母在与孩子的自然接触中更好地教育、教导孩子，Kids Champ 在教材上狠下功夫，不把它作为单纯教授的工具。此外，还派发信息杂志，旨在让父母之间互换信息。这些工作得到大多数家长的支持。
>
> • 因素 3：
> 　　×公司面向行业发行量第一、以母亲为受众群的月刊《超级妈妈》《鹳的赠礼》的读者，派发快讯商品广告，发展会员，效果显著。会员人数达 120 万人，规模收益效应下，会员每月听课费低至 1700 日元。与其他婴幼儿教育课程相比，价格实惠，受到会员的高度评价。

竞争对手×公司致力于面向婴幼儿函授教育事业的"Kids Champ"，在过去 5 年间年增长率达 8%，取得了巨大成功。于是，

163

公司高层指示部下调查 × 公司的实际情况,部下在第一时间做了汇报。其汇报的要点如下。虽然结论正确,但论据(主要条件)似乎缺乏说服力。到底哪部分存在问题?该朝着哪个方向改善?请读者运用正确的逻辑模式给出正确的逻辑构成方案。

提示 1 方框内容聚焦于现状和因素,因此可将其整理为并列型的逻辑模式。在设定"结论正确"的前提时,论据以怎样的切入方式排列才能形成具备说服力的说明?市场营销的构成要素可按照 4P(价格、产品、营销、销售渠道)的切入方式,进行 MECE 式划分。

提示 2 找到 MECE 的切入点,检查各个切入点应该纳入的要素,是否涵盖在因素 1、因素 2、因素 3 之内,是否存在重复整理。

因素 2 是市场营销构成要素 4P 之一。函授教育的教材和信息杂志(的内容)符合 4P 的哪一项?

因素 3 混杂了 4P 中的两个要素。该如何加以区分?

因素 1 仅说明市场动向,本身并非市场营销的构成要素。从因素 2、因素 3 来看,缺少 4P 的哪一项?假设二者欠缺的 P 为因素 1,那么该向现状因素添加怎样的要素?

问题 2

你是食品公司商品企划部的部长。你所在的小组注意到最近各年龄层普遍关注减肥,于是策划开发以减肥为主题的食品,并请求管理层做出商业化的判断。你指示部下拟定好在公司经营决策会议上的说明要点。部下经思考得出以下内容。结论和对现状的认识是正确的,但与判断标准和判断内容不匹配。不匹配的原因何在?请读者指出哪里需要改善?

结论:
本公司应尽早投入正在企划中的产品的商业化。

论据:

- 现状:
  预计减肥市场将有相当规模的增长。消费者追求每天都可轻松食用的减肥食品。公司正策划新商品,消费者可从10个食品中计算卡路里,根据喜好自由组合进食。市场上还未出现能满足这种需求的竞争对手,也没有深受青睐的商品。

- 判断标准:
  要想把新商品培育成热销商品,关键在于如何赋予消费者新的使用场景,消费者能否通过使用该商品获得收益(便利)。

- 判断内容:
  目前,已经商业化的企划商品"晓"与电视美食节目"快捷食谱百科"以及面向主妇的杂志和健康杂志形成紧密的合作伙伴关系,卡路里计算令热量消耗一目了然,使这种简单食材的销路得以不断扩大。

|提示| 1　逻辑模式确实属于解说型，但这一判断标准是否正确？这种情形下的问题是"是否应该致力于以减肥为主题的产品的商业化？"

|提示| 2　此外，对照问题，判断内容与结论一致吗？在观察"事实→判断标准→判断内容"的流程时，请检查判断内容是否具有一致性。怎样的内容才是合理的？

|专栏|

如果你中奖了

在解说型的逻辑模式下，即使作为起点的"事实"相同，但如果"判断标准"不同，"判断内容"乃至"结论"自然也会有所不同。现在，让我们做一个简单的脑部小体操。

你十分幸运地中了100万日元彩票。"买电脑""一口气还完买车贷款""全家旅行"……想做的事情多种多样，但你肯定希望在使用这来之不易的100万日元时不留遗憾。此外，如果你不是单身贵族，还必须取得家人同意——"是该那么使用"。

那么问题来了，你会如何组织逻辑？这种情形下，解说型是便利有效的逻辑模式。首先作为"事实"，需列举想用这100万日元去做或不得不做的一系列选项，其次设定选择标准、说明判断内容，最后证明结论。

向读者公开笔者二人的想法实在难为情，但还请参照下面两幅逻辑图。由于判断标准不同，结论当然也不一样。要想说明自己的结论，就要切实整理脑海中浮现的若有似无的标准，该如何传达才能让对方觉得"就是那样"呢？生活中的日常沟通也可以好好利用逻辑模式。

100万日元的用途之1

问题：如果中了100万日元彩票，你会做什么？

结论：如果中了100万日元彩票，我会选择美容整形！

事实
如果现在有100万日元，想做的事情有3项。
- 最近突然感到记忆力衰退，想做最高水平的脑部检查，掌握脑部现状。
- 为治愈平日累积的疲劳，想去南部小岛的度假区，恣意挥霍时日，放松身心。
- 体验划时代的、安全的美容整形技术，彻底清除早就厌恶的脸部皱纹和色斑。

判断标准
这100万日元是从天而降、不劳而获的财富，应该把它用在绝不会使用自己辛苦所得来体验的、费效比最奇怪的事情上。

判断内容
脑部体检和恣意挥霍的假期，确实让人获得一定程度的满足感。但是，美容整形的结果是否真有价值，却有极大的不确定性。

因此，我要把这笔不劳而获的财富全都用在美容整形上！

100万日元的用途之2

问题：如果中了100万日元彩票，你会做什么？

结论：如果中了100万日元彩票，我就选择脑部综合体检！

事实

如果现在有100万日元，想做的事情有3项。
- 最近突然感到记忆力衰退，想做最高水平的脑部检查，掌握脑部现状。
- 为治愈平日累积的疲劳，想去南部小岛的度假区，恣意挥霍时日，放松身心。
- 体验划时代的、安全的美容整形技术，彻底清除早就厌恶的脸部皱纹和色斑。

判断标准

迄今为止，我已经花费大量金钱购买彩票。因此，这100万日元应当用在投资效果最为确定的事情上。

判断内容

受气候以及同期入住游客类型的影响，在南部小岛的休假所产生的满足感存在极大的不确定性。此外，美容整形的效果也存在极大的不确定性。

对此，若花费100万日元接受脑部综合体检，一定能得到高精度的诊断结果，这对今后的人生规划大有裨益。

因此，我要把这100万日元用在脑部综合体检上！

第七章　熟练运用逻辑模式

1. 逻辑模式的运用方法

提及自身的逻辑结构建构，人们大多认为逻辑模式众多，无从选择。可正如本书第六章所述，逻辑模式仅包含并列型和解说型。因此，只要熟练掌握这两种模式，再加上组合并用，就一定能自如地建构逻辑结构，解答各种问题（主题）。

第六章的逻辑结构案例都是针对一个问题（主题），给出答案，提供建议。但在实际的商务场合，如提议某项新举措和新行动时，间或需要表明采取该措施的原因以及具体的执行方法这两方面内容。在思考自己应回答几个问题时，该如何组合两项基本的逻辑模式，并建构逻辑？

回答一个问题时
- - - - - - - ▶

如前所述，在建构逻辑结构时，重点在于确认应当运用该逻辑回答怎样的问题（主题）。逻辑结构经常包含作为问题（主题）答案核心的结论，以及根据逻辑模式来支撑结论的论据和方法。因此，如果要回答的问题是一个，那么整体答案就以并列型或解说型的模式，建构逻辑结构。

但在实际的商务沟通场合，如果采用仅到第2层的一层式逻辑结构，多数情况下其实难以很好地回答对方的Why So。这时，就需要进一步把第2层论据和方法的各要素分解至第3层，再通过纵向组合逻辑模式，使其形成并列型或解说型的逻辑结构。典型的排列组合方法有以下两种（参见图7-1）。

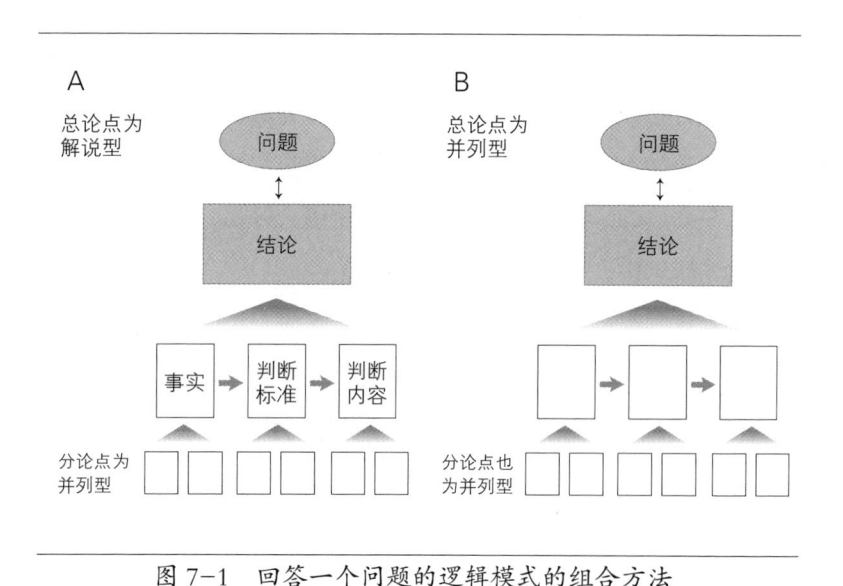

图7-1 回答一个问题的逻辑模式的组合方法

在沟通训练课程上，听课的学生经常提问："运用解说型组织总论点后，还有必要采用解说型来组织各项论据吗？"对此，笔者认为判断标准完全可能由表明其恰当性的解说型组成（参见下面的专栏：《判断标准的认同感极为重要》），但事实和判断内容却不能由解说型构成。

专栏

判断标准的认同感极为重要

休息日,我们在电车中听到了下面的对话。

孙子:《宠物小精灵》又出新游戏了。小A、小B、小C的家人都给他们买了新的。奶奶,我也想要。

奶奶:那不行,我们家要到4年级才能玩电视游戏机[①]和电脑游戏。小健记得吧,哥哥也一样。所以呢,小健还有1年就升4年级了,再忍忍。别人家是别人家,我们家是我们家。

孙子:为什么我们家跟别人家不一样呢?就我们家不买,大家都买了!

奶奶:每个家庭的想法不一样。奶奶也想给小健买,可妈妈觉得要到年龄了才能玩。

孙子:为什么?!

奶奶:……

孙子:我们家真太怪了。

原来如此。"我们家要到4年级才能玩电视游戏机和电脑游戏"——这是判断标准,表达的是奶奶不给孙子购买热卖游戏机的原因。但是,根本原因何在?——即使你不是小健,也想问问为什么。为何在小学4年级前不可以?若不回答这一疑问,每次看到朋友拥有新的游戏机,小健都会对温柔的奶奶寄托一丝希望,重复相同的对话。

依据"事实→判断标准→判断内容"的流程,组建(支撑结论的)解说型逻辑结构时,对方觉得判断标准恰当——这是结构具备说服力的情形之一。小健和奶奶的对话没有论证"我们家要到4年级才能玩电视游戏机和电脑游戏"的原因。因此,需要家长好好解释才能明辨道理的小健,实际并不认可奶奶的回答。

在商业上,这一本质也完全相同。例如,在多个战略替代方案中,选择哪个?是否应该投资某项事业?尽管问题各不相同,但相同之处在于必须表明论据——为何设定该项判断标准,否则对方无法理解结论。在某企业为董事们开展逻辑沟通方面的研修时,有人提到"如何设定判断标准——这一逻辑就是我们的经营决策"。确实如此。

[①] Family Computer,日本任天堂研制的电视游戏机,商标名称。——译者注

尽管也有"运用并列型组织总论点，运用解说型组织分论点"的组合方法，但实际极其少见。例如，它符合给出"本公司各项业务是依靠自身力量谋发展，还是充分利用外部力量"这种问题答案的情形，但这样的案例不多。这时，各分论点的解说型的判断标准也必须是同一内容。

同时回答两个问题时

在实际的商务场合，人们有时希望借助一次沟通同时回答两个问题。让我们再次以第六章的图6-2、图6-3、图6-7、图6-8为例。针对消费品厂商发生残次品事故这一事件，设定如下两个问题："应该如何应对"（问题1）、"具体以何种方式推进"（问题2），再分别运用并列型模式和解说型模式来建构逻辑。

在工作中，经常遇到这样的情况：同时面对上述两个问题，同时传达问题1的答案——"应对的整体方向"，以及问题2的答案——"具体的应对方法"。在这种场合，因为要回答的问题有两个，所以结论也有两个。针对问题1，结论为"鉴于事故对市场、竞争对手、渠道和公司自身的影响，本公司将重新审视所有渠道的管理体制，向大众宣传公司产品的安全性"。针对问题2，结论为"本公司和渠道方建立联合行动机制，扎实推进双方的行动，重新确认所有渠道的管理体制，全力向大众宣传产品的安全性"。由于要传达两个结论，因此需要构建两个以其各自结论为顶点的逻辑结构。

然而，我们经常看到有些案例强行把两个结论放到一个逻辑结构中，费尽百般心思，但最终得到的结构模糊不清、"逻辑似有实无"。如果你想针对两个问题传达两种结论,就要准备两种逻辑模式,再使它们在横向上相互补足。正如第六章所示,逻辑模式只有并列型和解说型两种,由此衍生的组合方法有四种。

并列型 + 并列型(图 7-2、图 7-3)

针对"应该做什么""具体如何推进"这两个问题,可运用并列型逻辑模式进行组合。在本书第六章,我们已对并列型有所论述。其强调结论由 MECE 式的论据或方法支撑,导出结论的讨论和思考既无遗漏也无重复,且拥有充分的延展性,以此说服对方。此外,其还是非常简单明快的逻辑结构。

图 7-3 是并列型 + 并列型适用于残次品事故案例的逻辑结构。观察这一具体案例可知,并列型 + 并列型可以清楚直接地展示传达

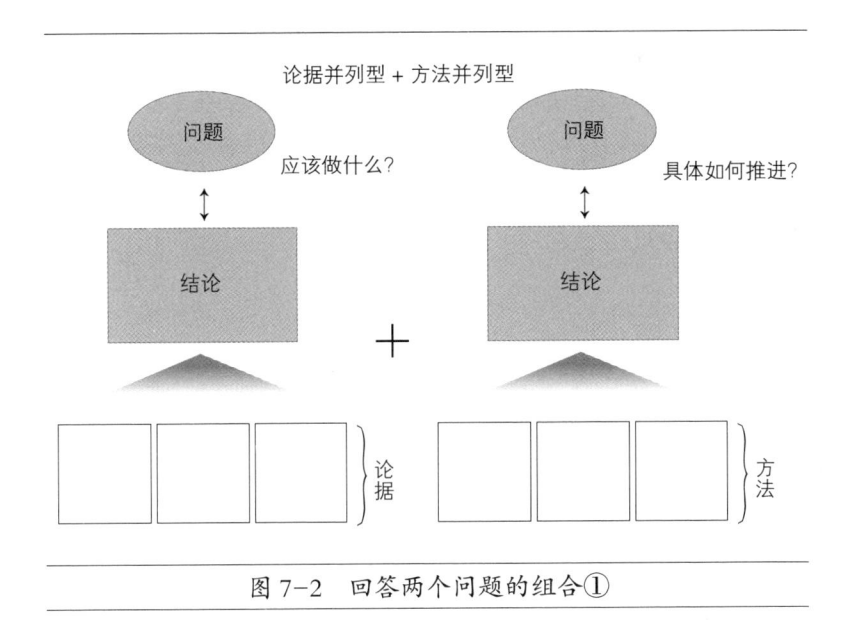

图 7-2 回答两个问题的组合①

论据并列型

问题：对于量贩店渠道管理不善导致核心产品 LX-20 出现残次品这一事件，本公司该如何处理？

结论：鉴于事故对市场、竞争对手、渠道和公司自身的影响，本公司将重新审视所有渠道的管理体制，向大众宣传公司产品的安全性。

市场视角	竞争对手视角	渠道视角	公司视角
对消费者和社会而言，渠道管理不善等同于公司产品质量不良，因此无论哪个渠道出现问题，都将加剧市场对公司产品的不信任感。	LX-20 残次品事故是绝佳的攻击材料，竞争对手极有可能借此挖走公司的客户群。	量贩店事故导致其他渠道对公司的产品管理产生不安和疑虑，可能会消极对待公司的产品。	不只针对 LX-20，安全感和信任感是公司所有产品的生命线。一旦公司将此次事故视为特定渠道的销售管理问题，势必会对其他渠道及产品造成恶劣影响。

图 7-3　组合①的详例

方法并列型

问题：关于再次确认所有渠道的管理体制及向大众普及产品安全性，本公司该如何推行？

结论：本公司和渠道方建立联合行动机制，扎实推进双方的行动，重新确认所有渠道的管理体制，全力向大众宣传产品的安全性。

重新确认所有渠道管理体制的实施方法

本着提升质量管理水平而非核查渠道的目的，公司与渠道方成立联合项目组，在1个月内查明问题并提出改善对策。

向大众全力宣传产品安全性的实施方法

公司和渠道方携手在各店铺开展质量保障方面的商业宣传活动，并在报纸和杂志上刊登联合广告。

方答案的整体样貌。

另一方面，由于传达方的主观判断和客观事实未被区分，当围绕"鉴于事故对市场、竞争对手、渠道和公司自身的影响，本公司将重新审视含量贩店在内的所有渠道的管理体制，全力向大众宣传公司产品的安全性"这一结论，向对方陈述传达方的思考流程或需共同讨论的思路时，并列型＋并列型模式则不太适用。

此外，对于"具体如何推进"的问题，逻辑结构展开说明了实施方法："本公司和渠道方建立联合行动机制，重新确认所有渠道的管理体制，全力向大众宣传产品的安全性。"但是，这无法说服心怀各类疑问的对象，如"由渠道和公司共同实施果真更好吗？""既然是量贩店发生残次品事故，是否由量贩店渠道采取某些措施即可？"

因此，在无须与对方讨论结论正确与否，只是希望对方正确理解结论并采取相应行动时，并列型＋并列型的组合是较为有效的。例如，公司内部传达信息以及联络业务等符合这一情形。

解说型＋并列型（图 7-4、图 7-5）

针对"应该做什么"的问题，运用解说型建构逻辑；对于"具体如何推进"，则采用并列型的组合方法。

通过观察残次品事故的案例（图 7-5）可知，由于"该如何处理残次品事故"使用的是解说型，因此沟通的接收方可以如此解读：该图在共享客观情况的基础上，明确表示传达方处理残次品事故的判断标准——"将事故给全公司带来的负面影响最小化"，再从这个角度判断现状，最终得出了结论。

论据解说型 + 方法并列型

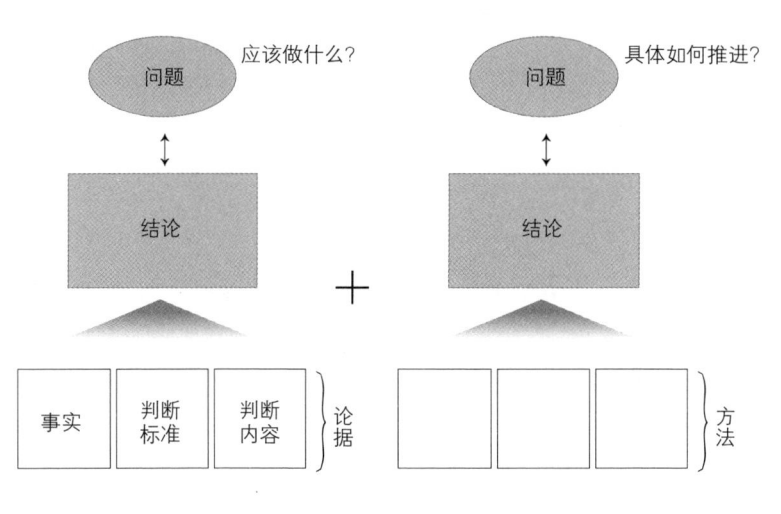

图 7-4　回答两个问题的组合②

如上所述，一开始就共享客观事实，借此将对方引入己方讨论的"平台"，会让对方更容易认可结论。此外，如果对方抱有不同想法，需要讨论，那么分别提示事实与主观思路也容易调整双方论点的不同之处。

另一方面，针对"具体如何推进"的问题，首先陈述结论——"本公司和渠道方建立联合行动机制，重新确认所有渠道的管理体制，全力向大众宣传产品的安全性"，再运用并列型展开说明具体方法。对方一旦抓住传达方主张的事故处理大方向，就能够描绘出具体对策的整体图像。

解说型 + 并列型在以下场景有效：关于整体方向，侧重说明自身结论的正当性；关于方法，侧重清楚直接地传达整体图像。例如，

论据解说型

```
                        ┌─────┐      对于量贩店渠道管理不善导致核
                        │ 问题 │      心产品 LX-20 出现残次品这一
                        └─────┘      事故，本公司该如何处理？
                           ↕
          ┌──────────────────────────────────────┐
   结论   │ 从把残次品事故的影响降到最低的角度      │
          │ 出发，本公司将重新审视所有渠道的管理    │
          │ 体制，并向大众宣传公司产品的安全性。    │
          └──────────────────────────────────────┘
```

事实	判断标准	判断内容
量贩店管理不善不仅造成 LX-20 销量不振，也会加剧消费者和渠道对公司其他渠道以及其他产品的不信任感。	鉴于 LX-20 是本公司的核心产品，因此不能仅针对该渠道和该产品，而应该站在把对全公司的影响降到最低的角度解决问题。	本公司不仅针对量贩店，将重新审视所有渠道、所有商品的商品管理和销售体制，以期防止事故再次发生。同时，公司将面向更多的消费者宣传产品的安全性，以防止无谓的猜测。

市场视角	竞争对手视角	渠道视角	公司视角
消费者不关心缺陷是来自渠道管理或是产品。重要的是消费者对产品的不信任感，将导致消费者日趋远离公司产品。	竞争对手陆续投入 LX-20 的同类型产品，趁着 LX-20 销售不振，展开推销攻势。	量贩店以外的渠道，如便利店等，经营 LX-20 的态度变得慎重起来，这一趋势也强烈影响到了公司的其他产品。	自占公司销售额 60% 的核心产品 LX-20 发生量贩店残次品事故以来，其他渠道以及其他产品也纷纷收到不信任的呼声。实际上，产品和渠道方的销售都呈下降趋势。

图 7-5　组合②的案例

方法并列型

```
                    ┌─────┐   关于再次确认所有渠道的管理
                    │ 问题 │   体制及向大众普及产品安全
                    └─────┘   性，本公司该如何推行？
                       ↕
      结论    ┌─────────────────────────────────┐
              │ 本公司和渠道方建立联合行动机制，扎实 │
              │ 推进双方的行动，重新确认所有渠道的管 │
              │ 理体制，全力向大众宣传产品的安全性。 │
              └─────────────────────────────────┘
  ＋                        ▲
                    ────────┴────────

        ┌──────────────────┐      ┌──────────────────┐
        │ 重新确认所有渠道管理 │      │ 向大众全力宣传产品安 │
        │   体制的实施方法    │      │   全性的实施方法    │
        └──────────────────┘      └──────────────────┘

        本着提升质量管理水平而非       公司和渠道方携手在各店铺
        核查渠道的目的，公司与渠       开展质量保障方面的商业宣
        道方成立联合项目组，在1       传活动，并在报纸和杂志上
        个月内查明问题并提出改善       刊登联合广告。
        对策。
```

"在现阶段,就新销售战略的整体方向,已与对方形成一个稳固的协议。为了表明新战略不是纸上谈兵、具备可行性,须提前直接展示具体的实施对策",适用于该类情形。它也符合对方密切关注战略方向,但对具体措施只需掌握全局观念即可的情形。

并列型 + 解说型(图 7-6、图 7-7)

针对"应该做什么"的问题,运用并列型建构逻辑;对于"具体如何推进",则采用解说型的组合方法。它与图 7-4 解说型与并列型的组合顺序正好相反。

将并列型 + 解说型组合套入残次品事故,显示为图 7-7。围绕"如何处理残次品事故"的问题,该图从 4C 的视角出发,列举 MECE

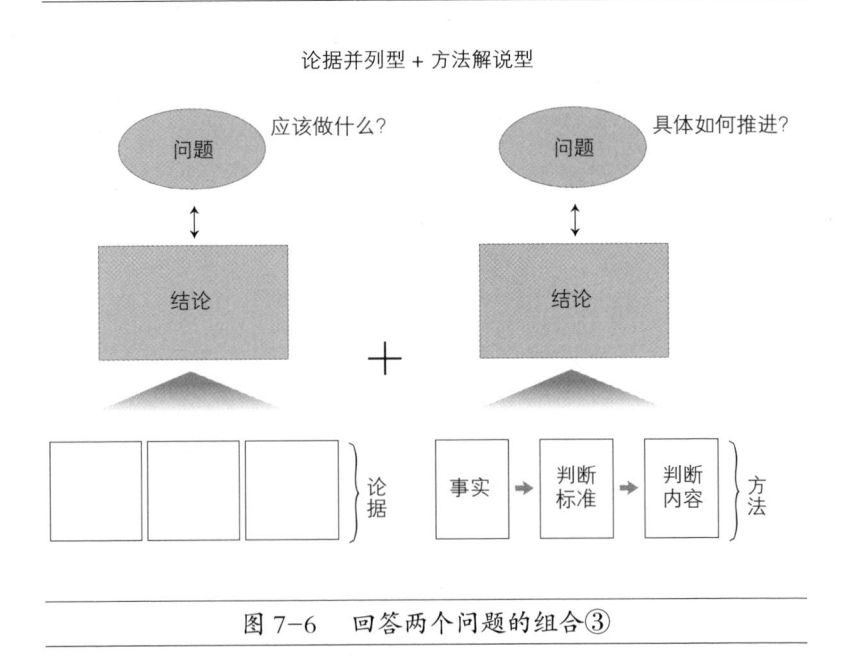

论据并列型 + 方法解说型

图 7-6　回答两个问题的组合③

式论据并加以说明。

此外，针对"具体如何推进"的问题，说明流程如下：首先，提出多个可行的应对方案。其次，展示两条选择标准，"承担作为厂商的全部责任，受到消费者和市场的好评；不限于处理此次丑闻事件，还要进一步强化与渠道之间的关系"。最后，依据标准评价最初列举的应对方案，得出结论——"本公司和渠道方建立联合行动机制，扎实推进双方的行动"。

专栏

有几个问题

当你与职场人沟通时，可能会感觉到不管指示方还是被指示方都未相互确认：想让对方回答几个问题（主题），应回答几个问题（主题）。

下指示的上司和做汇报的部下大多都以"向×公司扩大○○产品销售"这种含混不清的形式共享问题。但事实上，上司是想寻求"向×公司扩大○○产品销售的基本方针"，以及"这一季度的扩销计划"两项具体结论。在指示这些内容时，如果传达不清晰会怎样？尽管部下详细汇报了具体的扩销政策，但由于他没有仔细考虑在整体上该以何种思路采取各具体策略，导致策略缺乏一贯性，让领导完全抓不住全局观念，最终被要求重做……想必你也经历过这样的情形。

为避免类似低效率事件的发生，我们希望指示方至少明确表明存在几个问题（主题）。不要说"请你考虑如何向×公司扩大○○产品销售"，而要说"请你汇报向×公司扩大○○产品销售的基本方针和这一季度的具体扩销计划"。此外，接受指示的一方也不能含糊地接收指示，而须确认："问题是'向×公司扩大○○产品销售的基本方针和这一季度的具体扩销计划'吗？"

论据并列型

```
                    ┌──────┐
                    │ 问题 │      对于量贩店渠道管理不善导致核心
                    └──────┘      产品 LX-20 出现残次品这一事故，
                        ↕         本公司该如何处理？

          ┌─────────────────────────────────────────┐
   结论   │ 鉴于事故对市场、竞争对手、渠道和公司自身 │
          │ 的影响，本公司将重新审视所有渠道的管理体 │
          │ 制，向大众宣传公司产品的安全性。         │
          └─────────────────────────────────────────┘
```

市场视角	竞争对手视角	渠道视角	公司视角
对消费者和社会而言，渠道管理不善等同于公司产品质量不良，因此无论哪个渠道出现问题，都将加剧市场对公司产品的不信任感。	LX-20 残次品事故是绝佳的攻击材料，竞争对手极有可能借此挖走公司的客户群。	量贩店事故导致其他渠道对公司的产品管理产生不安和疑虑，可能会消极对待公司的产品。	不只针对 LX-20，安全感和信任感是公司所有产品的生命线。一旦公司将此次事故视为特定渠道的销售管理问题，势必会对其他渠道及产品造成恶劣影响。

图 7-7　组合③的案例

方法解说型

```
                                    关于再次确认所有渠道的管理
                         问题        体制及向大众普及产品安全
                                    性，本公司该如何推行？
                          ↕

        结论    从获取消费者、市场的好评以及进一步强
                化与渠道关系的观点来看，公司和渠道方
+               将在联合行动机制下，一同审视各渠道的
                管理体制，并全力宣传产品的安全性。
```

事实	判断标准	判断内容
推行"重新审视所有渠道的管理体制，全力向社会宣传本公司产品安全性"这两项活动，大致有以下四种做法。	从以下两点出发，思考应对之策。 A 承担作为厂商的全部责任，受到消费者和市场的好评。 B 不限于处理此次丑闻事件，还要进一步强化与渠道之间的关系。	①对于标准A，由于事故直接原因出在渠道，因此如果渠道方不积极参与，那么厂商在渠道管理方面一定会收获负面印象。此外，标准B也无法达成。 ②对于标准A，公众极可能认为厂商放弃了自己应承担的责任。标准B施加给渠道方的负担重，容易造成双方之间的隔阂。 ③对于标准A，由于是渠道和公司共同执行对策，因此易于被公众接受。对于标准B，双方在协作的过程中，能找到今后合作需要改善的问题点以及新的商业机会。 ④对于标准A，很难找出两项活动中的一致性和统一性。对于标准B，效果也是有限的。 分析以上观点，③更令人期待。
①两项活动都由本公司为实施主体。 ②两项活动全部委托给渠道方，令其推进。 ③两项活动都在本公司和渠道缔结的共同体制下，加以推进。 ④本公司与渠道方分担两项活动。		

183

使用并列型+解说型的前提在于已与对方就整体方向达成一致，或者双方已经没有讨论余地，只需要进行简单确认。它在说明方法的正当性时是有效的：现阶段，选择方法是重中之重；关于方法，要明确表示传达方的思路。

例如，它适用于以下情形："关于新营销战略的整体方向，已与对方达成一致。在此，重点是要说明如何选择具体的战略替代方案。"

解说型+解说型（图7-8、图7-9）

关于"应该做什么"与"具体如何推进"，第四种组合方式采取的是解说型的逻辑结构。

我们来观察图7-9，这是套用之前残次品事件的案例。在此，围绕"如何处理残次品事故"的问题，结论的说明流程为：首先陈述公司的所处状况，其次表明处理残次品事故的基本态度，最后判断哪种处理措施更合理。此外，围绕"具体如何推进"的问题，结论的说明流程为：在提出所有可能的应对之策（替代方案）的基础上，阐述传达方选择替代方案的标准，再指出运用该标准进行评价得到的最佳方案。

如上所述，组合两种解说型的逻辑结构，既能凸显传达方的思路，又可以阐明"得出这一结论的原因"。因此，它适合想要仔细倾听、读取传达方思路的对象。

但另一方面，针对两个问题，重复两次"我（传达方）在这种状况中，抱有某种基本想法，因此做出某种判断"的说明，于对方而言，在量和质上都属于"重量级沟通"。如果沟通对象陷入消化

论据解说型 + 方法解说型

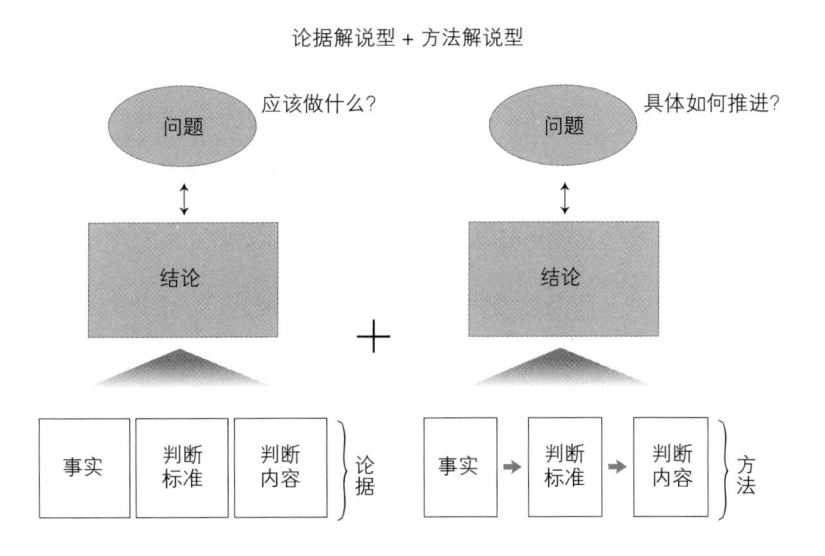

图 7-8　回答两个问题的逻辑模式组合④

不良、无法信服结论的状态，就可能导致他对内容本身产生怀疑。

如果你认为解说型＋解说型的组合是必要的，则请务必思考一下，一次沟通回答两个问题是否为上策。尤其当对方明显持有不同意见时，可尝试把沟通分为两次，先列举第 1 个问题，在取得对方理解和认可的基础上，再进行第 2 轮沟通回答第 2 个问题。这样的方式或许更符合人们的期望。

论据解说型

```
                    ┌─────────┐      对于量贩店渠道管理不善导致核
                    │  问题   │      心产品 LX-20 出现残次品这一
                    └─────────┘      事故，本公司该如何处理？
                         ↕
       ┌──────────────────────────────────────┐
  结论 │ 从把残次品事故的影响降到最低的角度    │
       │ 出发，本公司将重新审视所有渠道的管理  │
       │ 体制，并向大众宣传公司产品的安全性。  │
       └──────────────────────────────────────┘
```

事实	判断标准	判断内容
量贩店管理不善不仅造成 LX-20 销量不振，也会加剧消费者和渠道对公司其他渠道以及其他产品的不信任感。	鉴于 LX-20 是本公司的核心产品，因此不能仅针对该渠道和该产品，而应该站在把对全公司的影响降到最低的角度解决问题。	本公司不仅针对量贩店，将重新审视所有渠道、所有商品的商品管理和销售体制，以期防止事故再次发生。同时，公司将面向更多的消费者宣传产品的安全性，以防止无谓的猜测。

市场视角	竞争对手视角	渠道视角	公司视角
消费者不关心缺陷是来自渠道管理或是产品。重要的是消费者对产品的不信任感，将导致消费者日趋远离公司产品。	竞争对手陆续投入 LX-20 的同类型产品，趁着 LX-20 销售不振，展开推销攻势。	量贩店以外的渠道，如便利店等，经营 LX-20 的态度变得慎重起来，这一趋势也强烈影响到了公司的其他产品。	自占公司销售额 60% 的核心产品 LX-20 发生量贩店残次品事故以来，其他渠道以及其他产品也纷纷收到不信任的呼声。实际上，产品和渠道方的销售都呈下降趋势。

图 7-9　组合④的案例

方法解说型

```
        ┌──────┐      关于再次确认所有渠道的管理
        │ 问题 │      体制及向大众普及产品安全
        └──────┘      性，本公司该如何推行？
            ↕
  结论    从获取消费者和市场的好评以及进一步强
          化与渠道关系的观点来看，公司和渠道方
          将在联合行动机制下，一同审视各渠道的
          管理体制，并全力宣传产品的安全性。
```

事实	判断标准	判断内容
推行"重新审视所有渠道的管理体制，全力向社会宣传本公司产品安全性"这两项活动，大致有以下四种做法。	从以下两点出发，思考应对之策。 A 承担作为厂商的全部责任，受到消费者和市场的好评。 B 不限于处理此次丑闻事件，还要进一步强化与渠道之间的关系。	①对于标准A，由于事故直接原因出在渠道，因此如果渠道方不积极参与，那么厂商在渠道管理方面一定会收获负面印象。此外，标准B也无法达成。 ②对于标准A，公众极可能认为厂商放弃了自己应承担的责任。标准B施加给渠道方的负担重，容易造成双方之间的隔阂。 ③对于标准A，由于是渠道和公司共同执行对策，因此易于被公众接受。对于标准B，双方在协作的过程中，能找到今后合作需要改善的问题点以及新的商业机会。 ④对于标准A，很难找出两项活动中的一致性和统一性。对于标准B，效果也是有限的。 分析以上观点，③更令人期待。
①两项活动都由本公司为实施主体。 ②两项活动全部委托给渠道方，令其推进。 ③两项活动都在本公司和渠道缔结的共同体制下，加以推进。 ④本公司与渠道方分担两项活动。		

2. 逻辑 FAQ

尽管并列型和解说型的逻辑模式是极其简单的工具，但若想熟练使用，依然需要在日常工作中多多应用、勤加练习才能牢记。在练习过程中，想必读者会产生诸多疑问。笔者将参加培训的人员经常提到的问题（FAQ）总结如下：

Q1　逻辑模式最终不过是让对方得到对传达方有利的信息，进而说服对方？

Answer　所谓沟通的逻辑是要让对方信服结论，因此整体逻辑必须符合结论，否则毫无意义。

例如，围绕是否引入 A 对策，需要给出结论的场景。世界上绝大多数沟通的逻辑都如图 7-10，列举的均是自己认为引入"网络婚礼策划模拟"对策的优点。这会让对其存在"真的只有优点吗？实际是否也有缺点和风险"质疑的人认为，排列的都是对传达方有利的因素。

假设我们依然建构如图 7-11 的逻辑，会如何？图 7-11 确实比图 7-10 更有说服力。但是，假如对方反对引入网络婚礼策划模拟，且态度强硬，又会如何？他可能会思考"不引入网络婚礼策划模拟的结果如何？是否不引入更好？"

如图 7-12 所示，要想说服这类对象，我们须拓展视角，涵盖不引入 A 对策的优缺点，并运用两个 MECE 切入点——"引入的优点和缺点（风险）""不引入的优点和缺点（风险）"，提供支

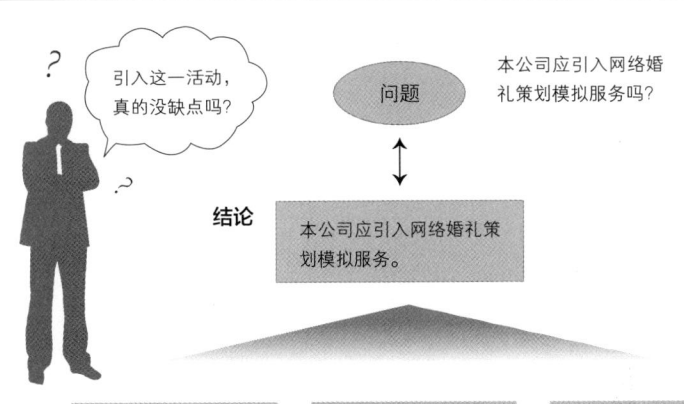

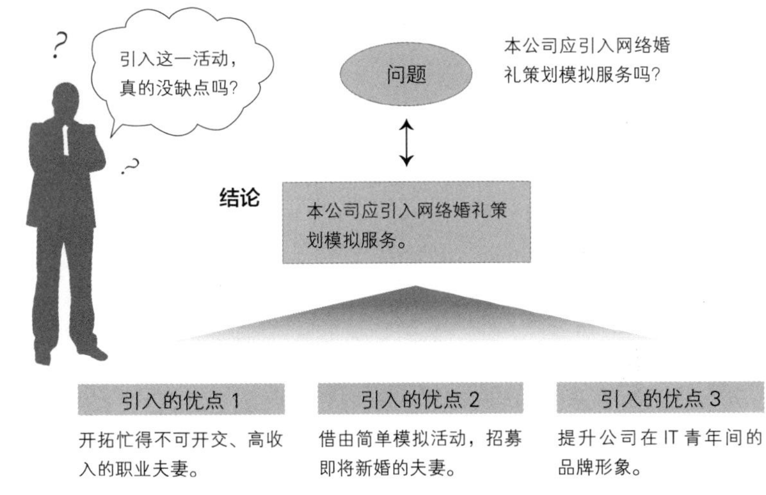

引入这一活动，真的没缺点吗？

问题：本公司应引入网络婚礼策划模拟服务吗？

结论：本公司应引入网络婚礼策划模拟服务。

引入的优点 1
开拓忙得不可开交、高收入的职业夫妻。

引入的优点 2
借由简单模拟活动，招募即将新婚的夫妻。

引入的优点 3
提升公司在 IT 青年间的品牌形象。

图 7-10　存在逻辑漏洞的案例 1

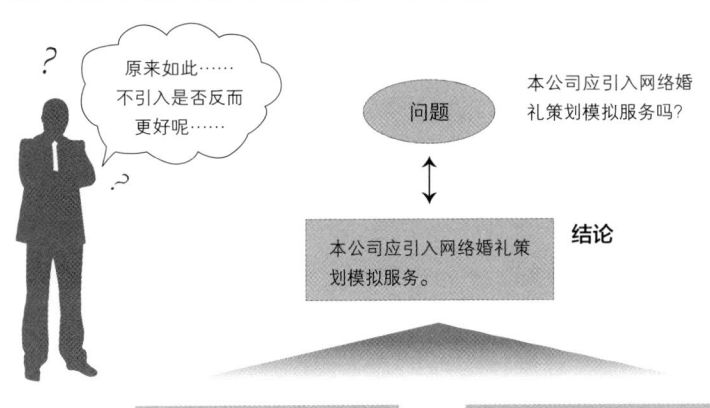

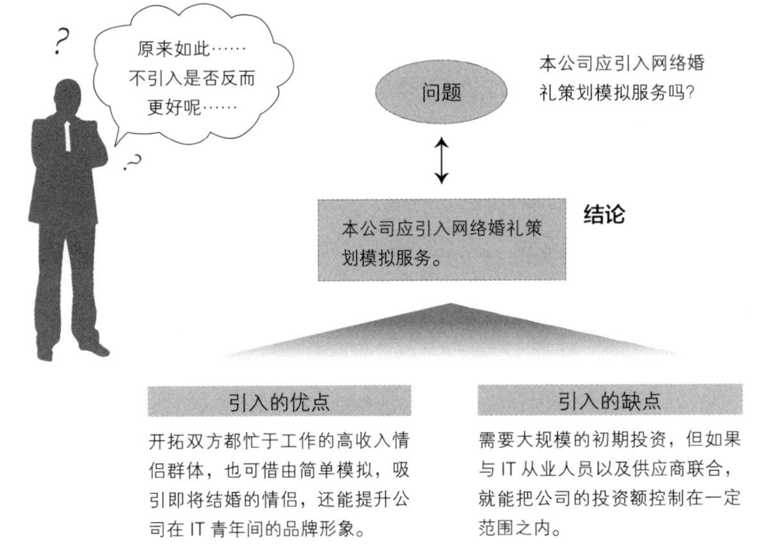

原来如此……不引入是否反而更好呢……

问题：本公司应引入网络婚礼策划模拟服务吗？

结论：本公司应引入网络婚礼策划模拟服务。

引入的优点
开拓双方都忙于工作的高收入情侣群体，也可借由简单模拟，吸引即将结婚的情侣，还能提升公司在 IT 青年间的品牌形象。

引入的缺点
需要大规模的初期投资，但如果与 IT 从业人员以及供应商联合，就能把公司的投资额控制在一定范围之内。

图 7-11　存在逻辑漏洞的案例 2

```
                    ┌──────┐    本公司应引入网络婚礼
                    │ 问题 │    策划模拟服务吗?
                    └──────┘
                        ↕
         结论    ┌─────────────────────┐
                │ 本公司应引入网络婚礼策 │
                │ 划模拟服务。          │
                └─────────────────────┘
```

引入的优点	引入的缺点
尽管需要大规模的初期投资,但可以拉拢新的顾客层,集聚早期的潜在顾客,还能提升公司的品牌形象。	可以避免公司的投资负担,但将失去与逐年减少的婚礼潜在顾客建立直接联系的线上环境,这种风险大到无法衡量。

优点	缺点	优点	缺点
开拓双方都忙于工作的高收入情侣群体,也可借由简单模拟,吸引即将结婚的情侣,还能提升公司在IT青年间的品牌形象。	需要大规模的初期投资,但如果与IT从业人员以及供应商联合,就能把公司的投资额控制在一定范围之内。	控制眼前的投资,财务方面较为乐观。	公司极有可能被大力发展这项服务、累积大量顾客信息、依靠数据库提升市场营销效果的竞争对手远远抛下。

图 7-12　充分拓展论据的逻辑案例

撑结论的直接论据。当然，既然你的结论是通过逻辑推导而来，那么支撑网络婚礼策划模拟"引入优点＞引入缺点"以及"不引入缺点＞不引入优点"的两条论据就必须经过 So What 的过程。否则，你的结论本身将无法被逻辑证实。

这是构建"便于沟通的逻辑"的重点。换言之，如果阐述网络婚礼策划模拟的优点就能充分说服你的沟通对象，图 7-10 足以；如果对方只关注引入的缺点，图 7-11 也够用。原因何在？前文已反复提及在商务沟通场合，我们只需对方认可结论、做出我们所期待的反应。过渡地提供信息，既不能产生正向效应，也不能帮助对方理解和信服。可一旦预料到对方不久就会注意到当前未发现的逻辑漏洞，则有必要采取图 7-12 的逻辑结构。

Q2　许多人认为，在沟通开始时就直接表明结论的方式，太过接近欧美的风格，不符合日本的商业习惯……

Answer　"逻辑结构"与"信息的传达顺序"截然不同。在传达信息时，有些案例是从阐述论据开始的。

我们经常听到这样的声音："从我们公司的性质而言，员工很难接受结论先行的沟通"，"比如说，如果设想到对方与自己持有不同意见，却还把结论先亮出来，这必定会招致对方的反驳，对于达到沟通目的具有反向效果。"事实确实如此。

逻辑结构永远只是一项"结构"，它要表明的是在问题答案中，最重要的结论与其他要素之间的关系。并且，这一结构与实际沟通的"传达顺序"（讲话顺序和书写顺序）不尽相同。

在商务场合，更多时候应该以"结论→论据"为基本顺序，如果最后才传达至关重要的结论，那么对方必须高度重视与你的沟通，否则其关注点和兴趣不可能持续到最后一刻。

但是，并非只存在结论先行这一种传达方式。"论据→结论"——当然也是可行的。例如，它可以适用于以下情形：对方支持的结论与传达方不同，突然从结论开始传达，会引发较大的抵触反应；或者，逐个解说论据，取得对方同意，引导对方自行得出结论，进而获得对方的认可。

此外，就信息的"传达顺序"而言，除了结论在前还是论据在前的问题，还须注意一点，即在向对方传达信息时，首要是书写或陈述问题（主题）以及期待对方做出的反应。

让我们复习本书开篇的内容，即沟通中需要传达的全部要素包含以下 3 项（参见第一章）。

· 问题（主题）
· 期待对方做出的反应
· 针对问题（主题）的回答

在进行汇报预演时，有些人突然从问题（主题）的回答（正题）开始，而听众在不知道"为什么、该听什么"的情况下，猝不及防地就迎来了正题。这样的情形多得超乎想象，而其效果并不理想。

而在汇报进入正题之前，加入导语结果又如何呢？如果是汇报预演等场合，多数以人们常说的"寒暄语"作为开场白，即"首先，感谢各位在百忙之中抽出宝贵时间来到报告会现场。今天，我将就公司的×产品进行说明"。可如此一来,只要对方不听到报告的正文就猜不到主题——是提供×产品新品种的信息,还是提供×产品的售后服务信息。可见,以导语开始效果也不佳。

所以,首先要请传达问题(主题)和期待对方做出的反应,明确表明沟通的目的,再进入回答(正题)部分。其次,如图7-13所示,回答存在两种方式,即始于结论的说明和始于论据的说明。

按照"论据→结论"的顺序传达问题的答案时,明确表明问题(主题)、期待对方做出的反应以及沟通的目的尤为重要。当沟通

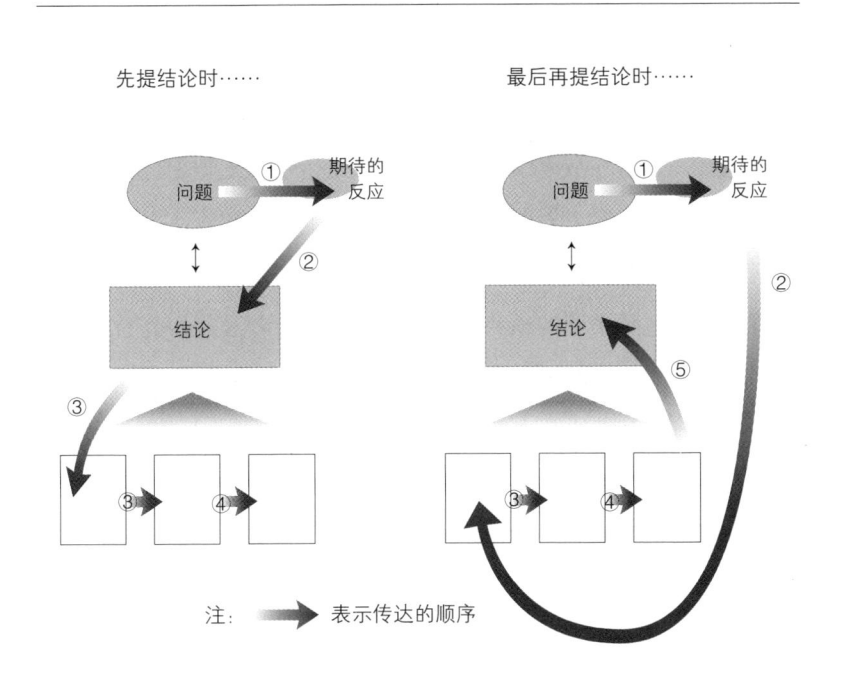

图 7-13 逻辑结构与传达顺序

目的不明确,却还要听一长串论据时,无论对方多么慢性子,也一定会在听到关键结论前,产生"So What?(究竟是什么?)"的疑惑,最终导致整体逻辑结构无法得到有效传达。这与书面材料的问题完全一致。

Q3　我认为,按照时间顺序展示讨论和分析的结果,能让对方更容易理解形成结论的论据。因此,我每次都采用这种处理方式。但是,上司总是反问我:"你究竟想说什么?"

Answer　你自己的思考和讨论过程,是否让对方感到疑惑?说服对方的逻辑,不同于你自身的思考和讨论过程。

笔者二人常年从事编辑服务。编辑是指运用充满逻辑、具有说服力的结构,向对方表明逻辑,并通过简单易懂的表达方式提出建议或者替代方案,最终按照传达方的意图,把相关信息传达给对方。编辑的对象包括书面沟通和对话沟通两种。前者涵盖的范围广泛,包括面向客户企业的报告书、建议书,面向杂志的报道和书籍原稿、商务信函,以及客户的内部文件等。

在上述编辑素材中,令人费解的文件的代表类型,大多都原封不动地列举执笔者思考和作业的过程。无论是文章还是图表,这种类型的原稿数量数不胜数,堪称海量。

例如,"关于×服务的定价问题,在比对竞争对手、调查市场评价之后发现……""对我们事业部而言,此次调查使大家发现问题不在定价,而在于……""我们公司在考虑这个问题时……""此外，海外的成功案例有……""另一方面，定价可做出如下改善……"诸如此类的说明没完没了。

如上，倘若让沟通对象也追寻你自己思考和讨论的曲折过程，那么对方一定会深陷信息洪流之中，出现消化不良的反应。这是极度缺乏沟通意识的表现。沟通的目的是让对方信服你的结论，并做出你期待的反应。要达此目的，需把在"逐个数据的分析→结论"的讨论过程中导出的材料，嵌入到"结论→论据（提示具体的分析结果）"的逻辑结构，即如第 6 章"并列型与解说型的逻辑模式"所述，采用便于对方理解的方式进行整理。在此过程中，经常出现的一种情形是讨论过程中认为重要的信息，在导出结论后失去重要性。因此，在说服对方时，必须锁定真正有价值的数据和信息。

"为得出答案而展开讨论"与"把答案传达给对方（沟通）"截然不同。令人费解的文章（或口头说明）之所以形成，是由于传达方刚找到答案就已经到了沟通该结束的时间，只能按照该时刻脑海中浮现的信息顺序书写(口头表达)。可如此就想获得沟通的成果，实在是一厢情愿了。虽然这项工作费时费力，但为了达成沟通目的，务必要构建用于传达的逻辑。

Q4　在构建并列型时，该如何思考才能找到 MECE 的切入点?

Answer　由于问题一定暗含提示，因此首先请试着打开自己脑中的抽屉，确认"针对什么构建逻辑"以及可能使用的切入点。

在沟通训练中进行构建并列型逻辑的练习时，我们经常听到参会人员说:"我完全搞不清楚,怎么才能想到这个 MECE 切入点?"排除这类难题,首先要牢记基本的 MECE 切入点。详细内容请读者参考本书第 3 章。例如,如果向分配到科里的新人简要说明"科室顾客群体的整体情况",可以考虑以下切入点。

- 方案 1 把科室的全体客户划分为法人客户和个人客户。
- 方案 2 按照交易时间长短,对科室的全体客户进行划分。
- 方案 3 按照交易规模(金额),对科室的全体客户进行划分。

此外,在构建逻辑时,还须时刻确认问题。这是因为答案将大致决定应该使用哪种 MECE 切入点。

Q5 关于解说型的事实,真的只能加入事实吗?

Answer 解说型的事实是相对的,而非绝对的事实。正如第 6 章所述,解说型是按照"事实→判断标准→判断内容"的流程来支撑结论。在这种情况下,事实的第一要义是"客观的事实与现象"。但在广义上,并非必须是字面意思上的事实,只要"与对方达成一致的内容"即可。

例如,尽管"本事业部的问题""本部门的想法"等都是某种程度的主观要素,但由于这已经是与对方共享并达成一致的内容,因此将其看作是解说型"事实"的要素,也未尝不可。

Q6 解说型看似只是把"起承转结"的结论先亮了出来。解说型与"起承转结"的区别是什么？

Answer "起承转结"并未规定"起、承、转"的内容。它既适用于客观情况，也适用于主观说明。此外，"转"与"结"和"起、承"之间的关系也极其暧昧不明。这些都与解说型不同。

在日本，作为总结内容时的行文法，"起承转结"应该是多数人都已经掌握的方法。近年来的情况不得而知，但在笔者接受的学校教育当中，小论文课程等基本是指导学生按照"起承转结"撰写内容。如果你要问除此之外还学到了哪些行文法，笔者只能非常遗憾地回答，记忆当中再无其他。

笔者以为，大多数职场人可能更熟悉"起承转结"。但在商务场合，"起承转结"能否足以成为一种逻辑沟通的工具？这恐怕会让人心存质疑。

作为一种逻辑结构，"起承转结"最薄弱的部分在于"转"。"起""承"之后，突然"转"跃至其他内容。相比"起、承"，对于"转"应包含哪类要素，尚无明确的界定。例如，随笔等自由创作型文章，往往追求丰富的构思和深度的内容，如果讲究逻辑性，则显得非常唐突。

此外，解说型规定论点的起点为"事实"，而"起承转结"的"起"，则全然不问内容的客观性和主观性。解说型依据一贯的流程支撑结论，即首先提示事实，其次设定用于导出问题答案的判断标准，再以此标准说明判断事实的结果。综上所述，解说型与"起承转结"大不相同。

Q7 想要有逻辑地表达信息，具体该如何练习？

Answer 很多人都提出了类似问题。在报告书写和口头汇报的逻辑建构方面，笔者经常提供一些建议，也正在做指导逻辑建构方面的业务。从过去的经验来看，笔者坚信"富有逻辑地表达信息的能力，与训练量成正比"。

换言之，逻辑沟通能力是训练的产物。广大读者只要勤加练习，就一定能熟练运用本书介绍的方法，鉴于它在输出层面具有再现性这一点，可以把它视为一项"技术"。

技术若不熟练，就无法运用自如。运用初期读者可能会感到别扭，但不间断使用逻辑模式这一工具，就可以养成"以结论为顶点，将多个要素通过纵向法则（So What / Why So）、横向法则（MECE）加以结构化"的习惯。

为此，我们建议在构思报告和汇报的具体内容时，不要一味地按照条目逐个书写，而是以本书介绍的逻辑模式为草案格式，确认纵横关系是否可视化。当各要素间的纵横关系一清二楚时，就容易确认是否纵向为 So What / Why So、横向为 MECE，或者是否符合"事实→判断标准→判断内容"这一流程。

如上所述，如果能在逻辑模式的框架中整理要素，那么逻辑沟通的前半步骤即逻辑建构就能成立。逻辑建构一旦完成，接下来的问题就是具体表述的形式，即要么将其写为报告，要么做出口头说明。此外，表述部分虽然包含"如何逻辑地书写""如何逻辑地口述"等技术层面问题，但如果首先没能精细地建构逻辑本身，那么无论在表述上如何下功夫，也无法形成有逻辑的、简明易懂的沟通。

不少职场人苦恼于如何才能写出简明易懂的报告，如何才能做出简明易懂的汇报。如果你也有同样的苦恼，请一定尝试运用逻辑模式打草稿的训练方法。

集中练习4

1　运用逻辑模式让信息的逻辑结构简明易懂

例题

A 先生的回答：

　　贵公司的外卖菜单，每道菜都非常好吃，制作也很用心，价格也公道，我很喜欢。每周我要点3次。我才刚使用了1个月，但如果硬要我提，首先配送时间存在问题。本想和客户在午餐会上边吃边谈，预定了12点整的外卖，但送餐时间整整晚了半小时。这就不能算商务午餐了。并且，打开盖子一看，米饭都偏到盒子的一边，剩下半边空荡荡的。也不是说你们的装盘不漂亮，应该是运输方式有点差。

　　其次让我介意的是，打电话订餐时，有关要求说1次总是不够。"不是一个而是两个，不是大的而是小的"——诸如此类，必须多重复几次。有时我怀疑，接电话的人好好做记录了吗？再有，每天的量完全不一样，有时少得可怜。我的下属就曾抱怨过："我的鸡肉咖喱只有两片鸡肉，怎么科长的有4片呢？"

　　你们的味道非常好，外卖送餐也能做好的话，就没什么可抱怨的了。希望今后能改善一下服务。

　　你担任阿尔法食品有限公司1月前成立的送餐服务事业部市场营销科科长。你想听取客户对服务的意见，以便运用于今后的事业运营。于是，你以最近1个月内频繁使用该服务的人员为对象，进行电话访谈，受访者之一A先生的回答如下。在此，我们省略来自

A 先生的表扬，运用逻辑模式仅整理他的逆耳忠言，使其简明易懂，进而在公司内部共享。

思路与案例解析

第一步　确认问题（主题），选定逻辑模式

问题是"A 先生对公司送餐服务业务的哪些方面抱有不满"，因此，只需整理 A 先生不满的主要观点，无须寻求传达方的判断，所以采用的逻辑模式应为并列型。

第二步　对 A 先生的回答进行分组，找到 MECE 论据的切入点

跳出 A 先生的话语顺序，仔细阅读他指出的问题，经思考可知按照接受订单、烹饪、配送的送餐操作流程，可将配送时间不准时、电话订单的接听方式、菜量等不满意之处，整理为 MECE。现在，整理的对象是"A 先生的不满"，因此不必考虑"味道好""价格公道"等内容。

第三步　按照送餐服务操作的各流程，对谈话内容进行 So What

按照接受订单、烹饪、配送的流程阶段，将 A 先生的不满整理为"观察型"So What。省略不必要的修饰语，提炼出简洁的要点。从 Why So 视角出发，重新审视 So What 的结果，确认其是否真的来自对 A 先生话语的汇总。

第四步　对结论进行 So What，用 Why So 加以确认

围绕通过 So What 对送餐流程——"接受订单、烹饪、配送"进行处理得出的 3 点不满，再次进行 So What，得到并列型逻辑模式的结论，以便更好地回答问题。尽管 A 先生指出了各种各样的问题点，但在对结论进行 So What 时，如果能够指出结论当中已经埋下"接受订单时、烹饪时、配送时"这一关于论据的切入点，那么对方在接受说明时的理解速度就能加快。最后，确认结论与 3 个论据之间的 Why So 关系是否成立。

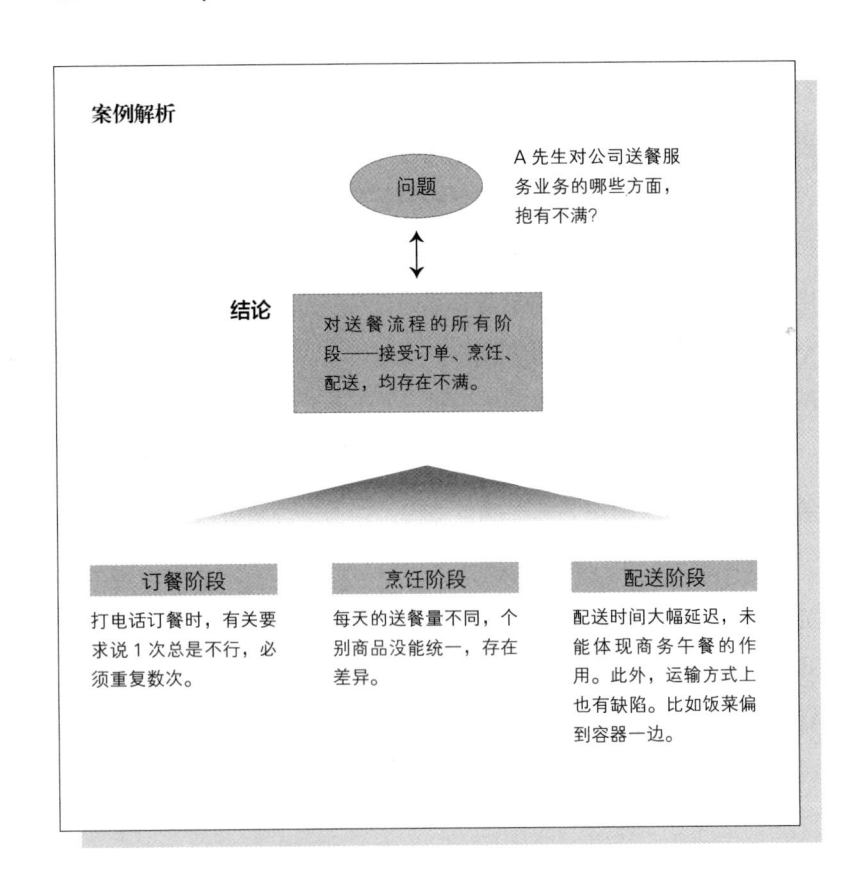

案例解析

问题：A 先生对公司送餐服务业务的哪些方面，抱有不满？

结论：对送餐流程的所有阶段——接受订单、烹饪、配送，均存在不满。

订餐阶段	烹饪阶段	配送阶段
打电话订餐时，有关要求说 1 次总是不行，必须重复数次。	每天的送餐量不同，个别商品没能统一，存在差异。	配送时间大幅延迟，未能体现商务午餐的作用。此外，运输方式上也有缺陷。比如饭菜偏到容器一边。

⓪⓪ 问题

　　正如"您的财务顾问"标语所倡导的理念一样，阿尔法银行的呼叫中心不仅应对来自顾客的询问，也致力于商品销售。但最近，客户打进来的咨询电话不断发出不满的声音。为思考应对措施，该中心首先向呼叫中心的重度用户询问他们对哪些方面感到不满，再与部门内部共享信息。

　　以下是呼叫中心的熟客、某商务人员×先生提出的不满。该如何整理×先生的论点？

×先生的不满：

　　我出于各种各样的目的，向呼叫中心打电话。对贵行的呼叫中心，我有几点不满意之处。首先，当有想咨询的事情给你们打电话时，没有1次是一打就通了的。不能连线的话，就没法沟通事情，但这不是因为你们的线路原本就太少，以及应对能力严重不足吗？其次，电话接通之后，接线员不是马上就前来接听，我还要按照计算机的指示进行多项繁杂的操作。那些难懂的指示，至少要来回操作5回，才能连上接线员。尽管也能理解贵行想通过计算机高效处理简单业务的想法，诸如余额和支行位置的确认等，但说到底你们完全没有考虑用户立场，优先的只是银行效率。

　　最近，我听说呼叫中心不仅应对客户的电话询问，还把当场链接客户信息、提供适合客户的商品和服务作为卖点。但我一次都没收到贵行接线员给出的优化方案。过去，我两次提到"我的履历信息已经被录入数据库了，你可不可以给我提些建议"。第一次，接线员跟我说："十分抱歉。我行的数据库尚不完善，现阶段无法为您提出建议。"可要我说，配置顾客数据库应该是呼叫中心的"基础"。接线员如此搪塞，我竟无言以对。第二次，我打电话是为了商量房子的购置款，"顺便咨询一下，目前有推荐的银行理财商品吗？"呼叫中心的人员回答道："现在，我行正开展投资信托的促销活动。"我认为，如果立志成为"您的财务顾问"，断不会这样应答。

如果"提案"一词显得高大上，那么退一步来说，呼叫中心至少需要好好回答眼前的提问。例如，假设我要询问距离最近的支行，对方就只告诉我"○○支行"的名字，却不说详细地址和电话号码。当我问"○○支行和××支行，哪个近"，对方的回答竟然是"我觉得大致相同"。对方从来不会主动询问乘坐的交通工具，以及前往支行要办理哪些事情。想必你也知晓，客户本就不是以咨询支行位置为最终目的，而是为了去支行做些什么（前提需要知道支行的位置）。所以我听不出接线员希望了解客户真实目的，并给出能够帮助客户完成目的的回答的意图。另外一个让人生气的是，倘若咨询商品，接线员总是长时间地讲解，可一旦问"α 和 β，哪个好？"，对方的回答一定是"这要看客户您的目的和需求"。我也清楚对方难以直接回答，可正是因为不清楚、迷惘，才要听参考意见。

接线员的"正确言论"对客户毫无用处。既然标榜FP，再加上银行是服务业，即使不能直接回应顾客的问题、解决顾客的苦恼，但作为服务人员也应该尽到基本责任，例如，可以按照各目的说明商品特征等。

我说得有些严厉，但我毫不避讳地把自己平时感到的不满都讲出来，是为了让呼叫中心变得更好。

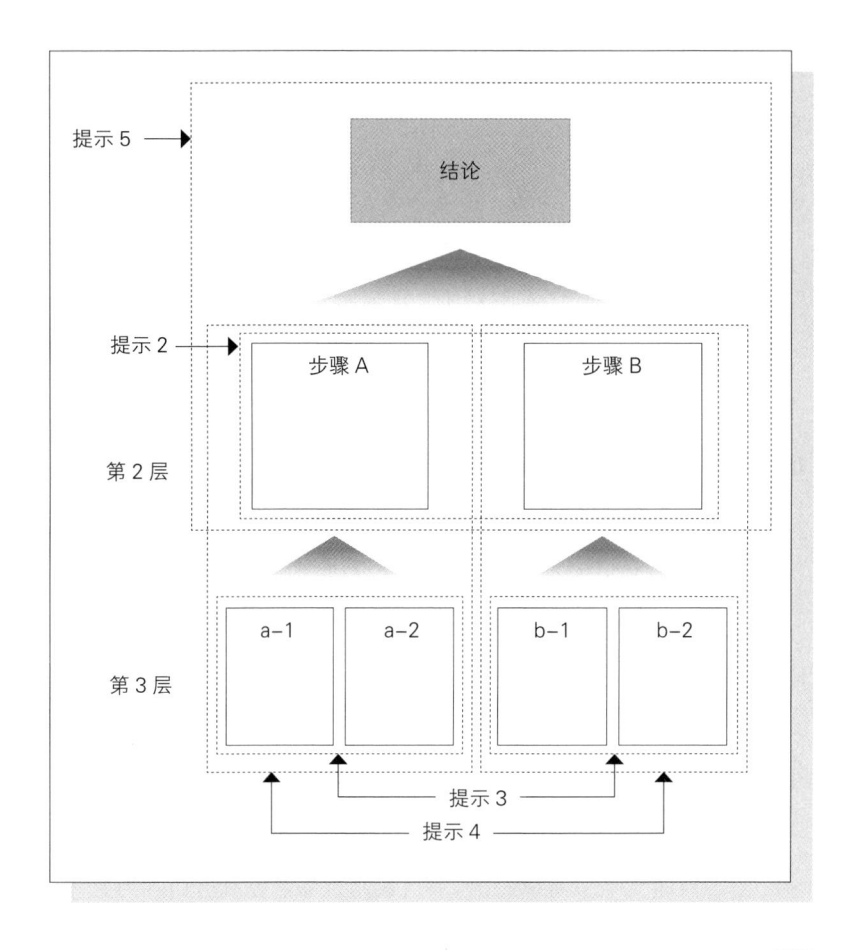

提示5 → 结论

提示2 → 步骤A　步骤B

第2层

a-1　a-2　b-1　b-2

第3层

提示3

提示4

| 提示 1 | 目的是，从整体上把握、明确 X 先生的不满，以便在部门内部共享其不满的要点。因此，应采用下图所示的并列型逻辑模式。

| 提示 2 | 对 X 先生的不满的点进行分组，找到直接支撑结论的 MECE 论据（图的第 2 层）的切入点。想象你自己从打咨询电话到放下话筒的过程，从中尝试理解 X 先生的点评。假设可以把从接通到挂断电话的过程分为 A、B 两个步骤，那么这两个步骤就成为第 2 层论据的切入点。

| 提示 3 | 假设可以分为 A、B 两个步骤，再有意识地运用 MECE 将步骤 A、B 的不满的点分组，找寻第 3 层论据（a-1 和 a-2、b-1 和 b-2）的切入点，进而将 a-1、a-2、b-1、b-2 归纳总结为"观察型"So What。

| 提示 4 | 在步骤 A 整体、步骤 B 整体中，对第 3 层论据（a-1 和 a-2、b-1 和 b-2）进行"观察型"So What 处理，以便明确阐明究竟有哪些不满之处。这便是第 2 层的论据。反过来还须确认，从 Why So 视角重新审视第 2 层时，So What / Why So 的关系是否真正成立。

| 提示 5 | 对步骤 A 整体和步骤 B 整体的不满的点（第 2 层的论据）进行 So What 处理，并汇总结论。还要确认，从 Why So 视角重新审视结论时，第 2 层的论据能否成为回答的主体。

2　使用图表说明逻辑

在商务场合中，很多时候我们需要一边使用图表化的数据，一边讲解自己的思路。运用图表展开逻辑说明的关键是什么？

例题

你参加初中同学聚会，见到了久未谋面的恩师。兴致勃勃的谈话暂告一段落之时，目前仍在中学执掌教鞭的恩师拿出一张《旅游景区游客体验评价图》，说道："虽然选定了几个修学旅行地点，但同学们议论纷纷，老师实在难以做出决定。实际执行还要面临预算以及时间上的诸多限制，但这些先暂不考虑，如果是你，能跟老师说一说，你想去哪里吗？"

你会提出怎样的意见？以该图表为材料，尝试思考富有逻辑的建议，以便能让恩师感到"果然有道理"。

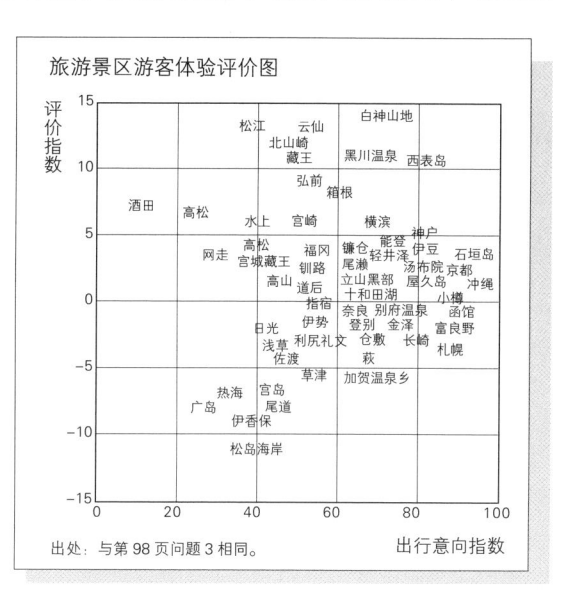

旅游景区游客体验评价图

出处：与第98页问题3相同。

思路与案例解析

第一步　确认问题（主题），选定逻辑模式

问题是，"中学的修学旅行应该去哪里？"恩师自然想获知具体的候选目的地，此外大概还想了解你自身的想法即"你为什么觉得去那里好"。因此，我们采用的逻辑模式应为解说型。

第二步　思考解说型的"事实"

《旅游景区游客体验评价图》本身是解说型的"事实"。除了图上显示的信息，"事实"还包括一些即使不列举数据，人们也习惯认为"那是事实"的信息，如"京都是拥有1000年历史的古都，存有大量古建筑""松岛是日本三景之一"等。

第三步　思考解说型的"判断标准"

提出你思考得出的修学旅行目的地的选定标准。该标准的重点在于，你的恩师同样认为那是恰当的目的地。当设定多个标准时，极力证明它们构成了MECE关系，也是重点所在。在此，我们考虑以时间为轴，设定①旅行前、②旅行后、③旅行中这3条标准。

- 标准①　为了让大家对即将到来的旅行充满期待，出行意向指数须大于60。
- 标准②　为了让大家实际去了觉得不虚此行，评价指数须大于10。
- 标准③　既然是修学旅行，还须能直接接触到在教室中学不到的内容。

第四步　思考解说型的"判断内容"

依据步骤3设定的"标准①~③",评价前述事实,讨论具体内容。在此,先根据标准①和②逐个筛选得出3个地点,再遵照标

案例解析

问题　作为修学旅行的目的地,哪里比较合适?

结论　从"出发前让人充满期待,实际去了让人满足,不只能旅游,还有丰富的学习对象"的视角出发,可选择白神山地或西表岛。

事实	判断标准	判断内容
针对日本的主要旅游景点,从"想去程度"这一出行意向指数,以及"相比出发前的期待,实际去了哪里好,哪里不好"这一评价指数出发,制作得出图表。	作为修学旅行的目的地,重点在于具备以下3点。 ①因为是难得的一次旅行,所以出行意向指数要高于60,让大家在出发前充满期待。 ②评价指数要大于10,让大家实际去了觉得不虚此行。 ③不仅是单纯的观光和娱乐,还要能直接接触在教室中学不到的日本固有文化和自然景色等。	·对照标准①,排除坐标图上出行意向指数低于60的地区。 ·对照标准②,排除评价指数低于10的地区。 ·通过上面两步,筛选得出白神山地、黑川温泉、西表岛。再对照标准③,可知白神山地拥有被指定为世界遗产的山毛榉原生林,西表岛自然风土丰富,与本州地区截然不同,这些都是很好的学习材料。但黑川温泉乏善可陈,给人的印象不深。 因此,白神山地或西表岛是合适的去处。

209

准③对它们进行评价。这时，对于白神山地的山毛榉原生林和西表岛的固有风土，无须特别展示相关数据，而是把它们作为对方认可"那是事实"的信息，进行评价。

关键在于，你一开始指出的事实（在这种情况下，是指图表绘制的旅游景区）是否是根据3个标准仔细筛选而来的结果。如果只评价最终入选的景区，而不说明其他地区未入选的原因，就会显得没有说服力。

第五步　确认最终结论

"判断内容"的结果，最终是为了清晰表明你选定的目的地。除此之外，还要基于"事实→判断标准→判断内容"的流程，确认结论和论据是否保持一致。

问题

现在，有一对夫妻正为新婚旅行目的地而苦恼。假设我们依旧根据例题部分的《旅游景区游客体验评价图》，提供关于旅行目的地的建议，你会给出何种建议？请运用逻辑模式整理你的建议内容。

提示　请按照例题的解决方法即步骤1~5的顺序，完成解说型逻辑模式的建构。作为新婚旅行目的地的选择标准，问题的关键在于设定有说服力的内容。

3 掌握能让对方信服的逻辑建构能力

请练习建构逻辑,以便有逻辑地向对方说明自己的讨论结果。

问题

今年上半期,阿尔法银行各支行全力投入强化顾客服务的运动(参见总行通知)。你是负责这一运动的六本木支行的领导。

最近,作为运动的一环,支行内部将举行主题为"向服务顾客的达人学习"的演讲会。关于演讲者的人选问题,支行行长下达了如下指示。

"请演讲者做约一小时的演讲,演讲内容最好简单易懂,让新来的存款柜员都能理解,演讲最后预留部分时间用来讨论答疑。经费预算控制在5万日元以内。总行也出了关于此次运动的通告,慎重起见,也请你务必参考。我还是希望找一个能够激发大家兴趣的人。实施日程也要看对方的计划,因此确定候选演讲者之后,再和对方商量即可。"

此外,支行行长还说:"没有必要大张旗鼓。比如,日前,银行内部电视台介绍的三本木支行的朝日先生就不错。他很风趣,又是熟人。必要的时候,你告诉我一声,我去打个招呼。"

查找之后,3名候选人浮出水面,你与支行行长商量决定从中选出一名正式演讲者。在此,你要思考如何选定演讲者,如何把结果向支行长汇报,并取得他的同意。请尝试运用逻辑模式组织报告内容。此外,还有如下参考资料。

211

资料1：总行通知

总行通告第 12-12

2001 年 ○ 月 × 日

各位支行行长

总行营业部
部长 ○○○○

推进"强化顾客服务"运动的通知

在金融行业，诸如呼叫中心、网上银行等替代传统店铺的新型销售渠道正备受世人瞩目。但是，从海外的优秀案例来看，商品特性越复杂，顾客在初期越倾向于使用线上的新渠道，而详细的信息收集和最终的购买决定则主要在传统的对人渠道进行。也就是说，支行层面更要妥善应对顾客，强化服务。

为此，总行恳请各支行在 2001 财年的上半期，按照如下要求，切实推进"强化顾客服务"的运动。

· 实施目标

一是要让支行所有的新老员工都能够正确、迅速地回答客户的提问；二是要体会顾客的真正需求，积极提出回应客户的提案和选项，成为一流的服务人员。

突破传统的银行框架，将目光投向各行各业的最佳实践，培养服务意识。

· 实施期间

2001 年 4 月 – 9 月

· 实施方法

① 各支行自行决定负责人选，根据实际情况自主推进方案计划。

② 以下项目案例可供参考。

……

……

特此通告

资料2：候选人1的简介

阿尔法银行三本木支行 朝日太郎

简历　1962年4月　入行工作。
　　　1995年5月　退休。
　　　1995年6月　成为阿尔法人才服务的注册职员，在阿尔法银行三本木支行担任店内引导员，直至今日。

■ 在这5年多时间里，顾客寄到三本木支行的表扬信多达65件。对朝日先生的评价包括，在ATM柜台亲切待人、精细认真的引导、问候寒暄令人备感舒服等。具体如下。
  ・精力充沛的问候，让人心情大好。
  ・我经常去ATM柜台，他总是跟我打招呼并说"感谢惠顾"。让我感觉这是"自家银行"，十分亲切。
  ・小朋友在银行跑来跑去，他帮忙照看，我才能放心地操作ATM，每次都帮了我的大忙。
  ・在填写票据时，遇上搞不懂的事项，只要向他提问，他都能细致、正确地告诉如何填写。

■ 1999年7月，三本木幸福商店街以老顾客为对象，举办"让人心情愉悦的服务NO.1"投票活动，朝日先生获得第1名。

■ 2001年3月，阿尔法银行内部电视报道的"服务铁人"栏目，介绍了朝日太郎的事迹。栏目指出朝日先生是银行的一道风景，并报道了他对自己的评价："多年来，我充分发挥了银行人应该拥有的素养。这些素养是在阿尔法银行工作的过程中培育起来的。以饱满的精神状态去引导客户，让更多的客户能够舒心、放心地接受银行的服务——这就是我的信念。"

资料3：候选人2的简介

国际饭店的顾问（负责接待客人）　樱京介

候选人简历和近况摘自其个人著作《服务之心》

　　1935年　生于东京。
　　1958年　进入国际饭店工作。从男服务员做起，先后担任预定员、接待员、宴会员等工作。自1978年起，担任客户服务部部长，1990年起任现职至今。
　　　　　　自1978年就任客户服务部部长以来，在全公司推广"我们的服务日本第一"的运动，并活跃于运动的第一线。

◇　给予顾客3次满足的"服务之心"
　　・满足眼前需求
　　・满足隐藏需求
　　・让顾客"还想再来"

他提出以上3条"服务之心"，每年贯彻执行"小集团活动"，以将其落到实处。按照各项具体业务，把"小集团活动"的成果系统化，制成宣传手册，并推进数据库建设。

■　1981年，在《未来杂志》的"全球职场人最爱的100家酒店及服务部门排名"中，国际饭店完美荣获第1名，并在之后一直牢牢占据榜首。

■　樱京介先生认为"服务之心"同样适用于酒店以外的其他商业。自任现职以来，他以推广"服务之心"为使命，一直致力于"服务之心"的普及。他面向各行各业的人群开展演讲，其中包括各行业、企业的经营层和管理层，也包括普通员工。作为一名酒店人，长年的工作经验使他的演讲内容十分贴近实际情况，洋溢着浓厚的现场感，接地气、具体又简明易懂的内容使其大获好评。

■　合著《谈服务之心》（携手IT经济、零售、汽车、旅游业等7个行业的高层人员，围绕服务所著的对谈集）。

资料4：候选人3的简介

讲师　日光波子

摘自网页——"日光波子服务咨询"。

welcome　日　光　波　子　　　服　务　咨　询

面向销售员、窗口业务员的礼节教育，日光波子女士拥有多年经验
作为服务业讲师行业的开拓者，她深感使命重大
她传授的"待客之心"
一定能让贵公司的客户满意

——服务的基本始于问候、终于问候——

秉持客户第一的精神，做到微笑、快速应对
拥有良好礼节的接待员
是你取得商业成功所必不可缺的宝贵资产

● 业务内容：培训、研讨会、专题研习班、演讲等
● 费用：演讲每小时8万日元（研讨会、培训等每3小时25万日元起）
● 著作：
《学会感谢——从空中小姐到服务业讲师的道路》
《让人心生好感的专业问候》
《礼节让女性更美》
《成为受欢迎男士的礼节教室》等多部著作

NEXT　详情请点击
NEXT　询价请点击

Mail　xxx@xxxxx.com

提示 1 问题是,"从3名候选人中,选择谁做行内演讲?"从问题和问句的设定来看,向上司汇报的逻辑模式应采用解说型,即从多个替代方案中选择最令人期待的选项,并说明其正当性(与第6章图6-8相同的方法解说型)。请使用以下逻辑模式,填补空白栏。

提示 2 作为"事实",只需提示3名候选人的简介。那么,"判断标准"是什么?从支行行长的指示来看,应当可设定4条标准。事实上,也可从总行通告中选定标准。

提示 3 运用设定的判断标准,评价各候选人,是否能判断"谁最合适"?不是仅针对你认为最合适的候选人,而是以全部候选人为对象,整理依据各项标准得来的判断内容。否则,当支行行长与你意见相左时,你将很难说服对方。

提示 4 作为结论,应委托谁来演讲?按照"事实→判断标准→判断内容"的流程,观察论据,并检查它是否在一致性标准下支撑结论。

答题纸

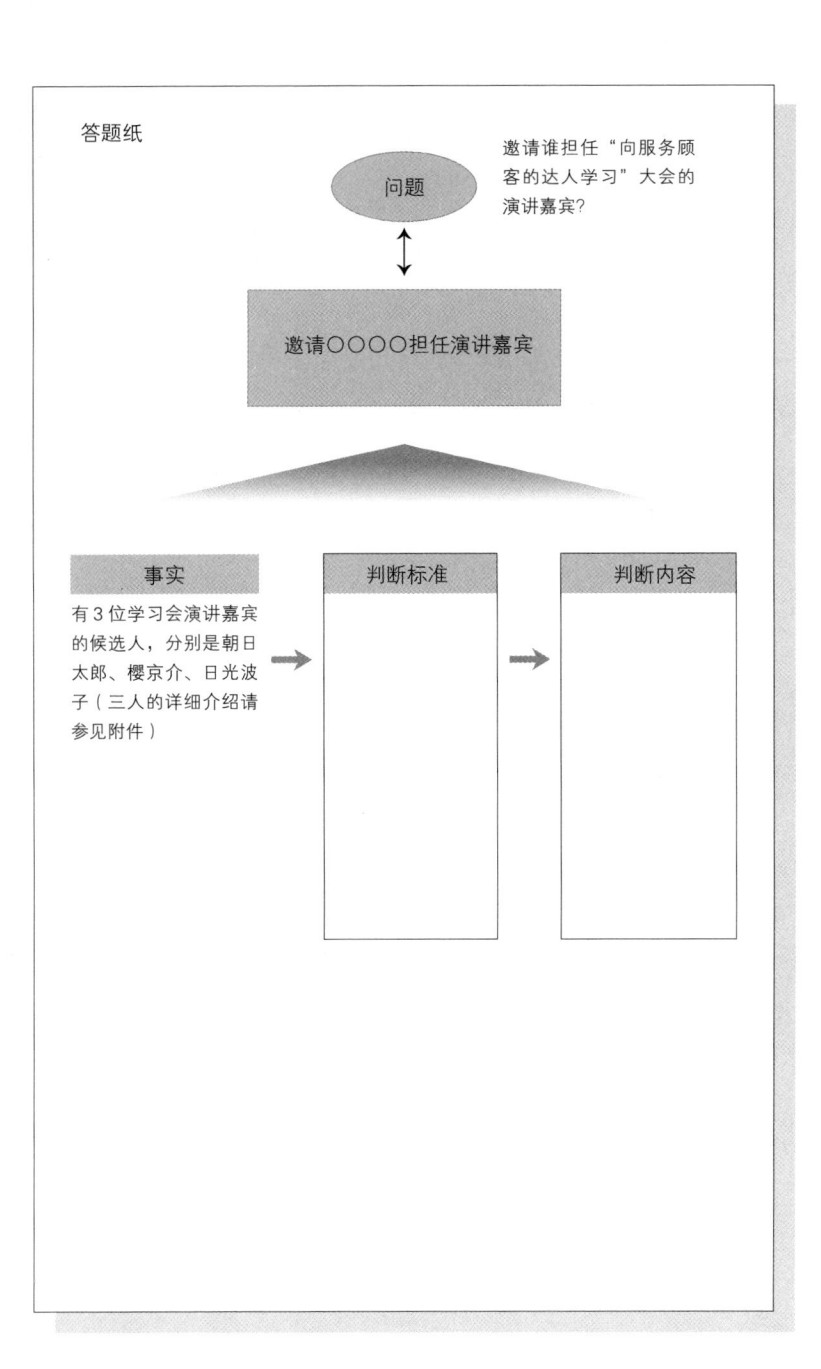

问题：邀请谁担任"向服务顾客的达人学习"大会的演讲嘉宾？

邀请○○○○担任演讲嘉宾

事实	判断标准	判断内容
有3位学习会演讲嘉宾的候选人，分别是朝日太郎、樱京介、日光波子（三人的详细介绍请参见附件）		

217

后　记

起初，笔者各自从事杂志和书籍的企划编辑、公司内部报纸（传达企业经营理念）的企划运营等业务，后在麦肯锡咨询公司邂逅"编辑"工作，由此开始主攻逻辑沟通领域。

"编辑"一词令人不甚了了，它究竟指什么呢？其实，文案编辑涉及各类对象，如咨询报告、向顾客讲解产品的演示文稿、企业网站登载的业务和业绩内容、杂志和图书等原稿以及商业函件等。

为了让信息传达方（撰写人、发言人）达到预期目的，笔者模拟读者和听众，研读或听取传达方准备的内容。此外，也立足"该内容能说服真正的接收方吗？若不能令其接受，需如何改善？"这一视角，围绕信息的逻辑建构、甚至日语表述，提供建议和具体的改善方案。

在引导沟通对象理解、认可己方要传达的信息时，存在当事人难以发觉的陷阱。由不掌握论据的第三方进行客观验证，能够使线索浮出水面，从而帮助传达方知晓：什么原因导致对方难以理解？如何改善才能说服对方，并使其领会"原来如此"？为此，笔者立足第三方的立场，同传达方展开讨论，并以接收方的视角关注问题，从而能够更高效地组合信息，为传达方提供支持。这就是编辑服务的内涵。可以说，在传达方实现沟通目的这一点上，编辑服务的存在如同催化剂。

在此意义上,编辑工作的市场空间可谓极其狭小,但笔者已经从事这项工作将近10年,并在此过程中发现,无论哪个领域或哪类主题,富有逻辑、简明易懂的信息都具备一定的规律性和要点。本书介绍的逻辑思考和逻辑建构技巧,结合了这些规律性以及笔者积累的编辑方法,最终形成体系化的内容。要想成为一名优秀的沟通人员,必须具备自我编辑的能力——由自己确认并改进自己所写、所说的内容,使其便于理解、富有逻辑,同时还需要掌握一定的工具。本书若能成为自我编辑的入门书,将令笔者深感欣慰。

虽然这一技巧源自商业领域,但笔者认为,它不仅适用于学习和研究,也对读者的日常生活和人生大有裨益。多数时候,活着意味着深深的烦恼。很多时刻,面对人生的岔路口,我们被迫选择是向左行、还是往右走。这时,可以尝试运用MECE分析法,简单地整理脑海中渐渐成形的想法;或者思考自己生活和人生的底线在哪里,再对照现实,就能将眼前的若干选项划分优先级,然后观察可能得到怎样的结果。笔者的措辞略显夸张,恳请读者能够谅解。总之,本书对于人生的自我编辑,也将有所助益。

本书得以问世,离不开诸多人士的大力相助。

在研究逻辑沟通方法、组织培训的过程中,活跃于各行业第一线的职场人,向笔者提供了大量无可替代的意见和建议,涉及沟通交流方面真实的问题和烦恼、沟通的实践等多个角度。每条意见、每个建议都化为笔者执笔写作的动力和巨大的激励。

麦肯锡咨询公司及其员工,包括业已从该公司离职的各位人士,为笔者提供了得以邂逅、从事"编辑"这份独特工作的机会。其中,日本分公司的社长平野正雄先生、编辑服务部主管门永宗之助先生、建议出版此书的本田桂子女士，均是本书付梓的坚强后盾。尤其是日本分公司编辑服务业务创始人、麦肯锡咨询公司原总监、NIFCO公司现任副社长千种忠昭先生，在实际业务方面给予笔者巨大帮助。曾就职于朝日新闻编委会，也是笔者前辈的刀祢馆正久先生等人士，在编辑服务的草创期，为笔者费尽心力，常常提供大量建议，不断给予我们深深的鼓励。

东洋经济新报社出版局的小岛信一先生和水野一诚先生，从本书的企划阶段到进度管理，无不关照有加。

在此，请允许笔者向诸位致以衷心的感谢。

最后，在本书的撰写过程中，笔者二人也得到了家人们的大力支持。作为一个微小的自主实施项目，本书的内容经过反复的讨论、修改、实验，才最终汇总成形。在不断试错的过程中，写作数度搁浅，但笔者各自的家人始终抱持宽容的精神。在此，谨向最为理解这项活动的笔者家人们，献上内心深处的感激之情。

图书在版编目（CIP）数据

麦肯锡逻辑思考法 /（日）照屋华子，（日）冈田惠子著；周晓娜译. -- 北京：北京联合出版公司，2019.10（2023.3 重印）
ISBN 978-7-5596-3508-2

Ⅰ.①麦… Ⅱ.①照… ②冈… ③周… Ⅲ.①逻辑思维－研究 Ⅳ. ① B804.1

中国版本图书馆 CIP 数据核字（2019）第 165807 号

LOGICAL THINKING
Copyright © 2001 Hanako Teruya and Keiko Okada
Original Japanese edition published in Japan by TOYO KEIZAI INC
Simplified Chinese translation rights arranged with TOYO KEIZAI INC
through EYA Beijing Representative Office
Simplified Chinese translation copyright © Beijing GoodReading Cultural Media Co.,Ltd

麦肯锡逻辑思考法

作　　者：[日]照屋华子　[日]冈田惠子
译　　者：周晓娜
策　　划：好读文化
监　　制：姚常伟
责任编辑：昝亚会　夏应鹏
产品经理：程　斌
装帧设计：红杉林文化

北京联合出版公司出版
（北京市西城区德外大街 83 号 9 层　100088）
北京联合天畅文化传播公司发行
北京美图印务有限公司印刷　新华书店经销
字数 160 千字　880 毫米 ×1230 毫米　1/32　7.5 印张
2019 年 10 月第 1 版　2023 年 3 月第 5 次印刷
ISBN 978-7-5596-3508-2
定价：49.80 元

版权所有，侵权必究
未经许可，不得以任何方式复制或抄袭本书部分或全部内容
本书若有质量问题，请与本公司图书销售中心联系调换。电话：64258472-800